阿德勒勇氣整理術

あなたのお部屋が
イライラしないで片づく本

擺脫焦慮，別再責怪自己，也不遷怒家人，
讓空間與人生都變美好的整理魔法

丸山郁美 著　林詠純 譯

目錄

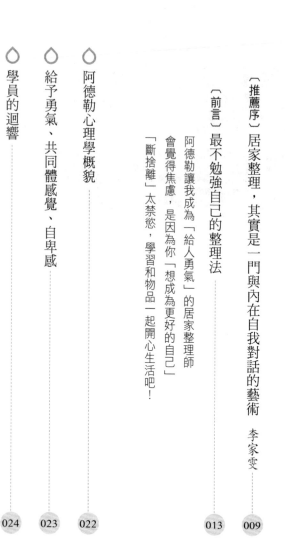

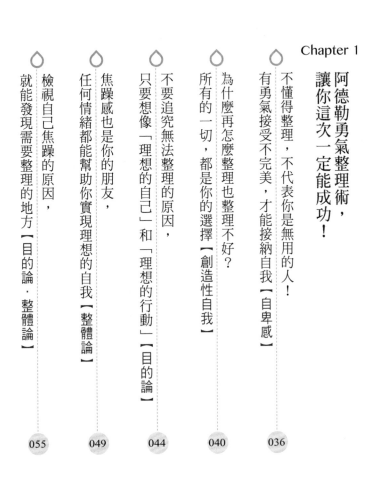

Chapter 1

阿德勒勇氣整理術，讓你這次一定能成功！

Chapter 2

透過想像、整理、收納，打造整齊的房間

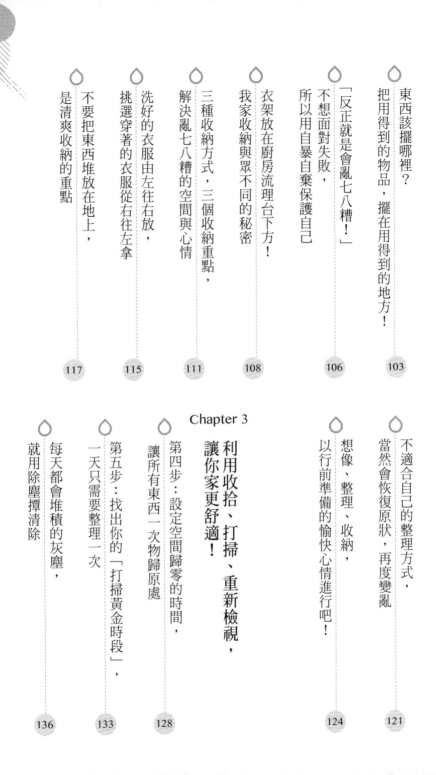

Chapter 3

利用收拾、打掃、重新檢視，讓你家更舒適！

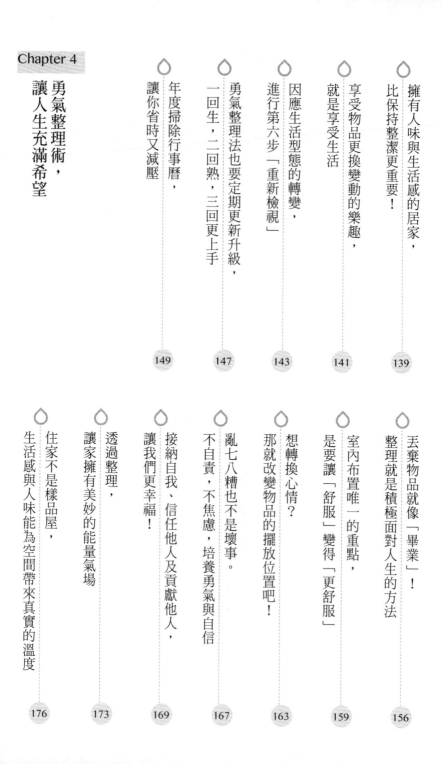

Chapter 4

勇氣整理術，讓人生充滿希望

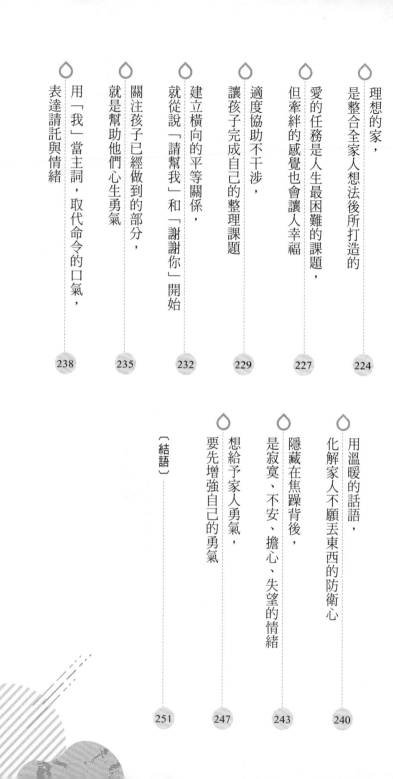

推薦序

居家整理，其實是一門與內在自我對話的藝術

諮商心理師、台灣阿德勒心理學會理事　李家雯

家母是名傳統女性，每日至少掃三次地板，家中永遠窗明几淨。在這樣環境長大的我，自然也習得了「家中必須一塵不染！」這樣幾乎苛求的信念。而在剛生完孩子那幾年，工作、家庭兩頭燒，不論怎麼努力，都做不到母親那種居家清潔的程度，一種濃郁的挫敗感與自我責怪總在心頭縈繞不散。久而久之，因為對自己長期的無能為力感到沮喪憤怒，我的情緒逐漸從強烈自我責備，轉移到對另一半的怨懟！原本期待可以因為家庭整潔讓家人都更舒服的目標不但從沒有達到，反而造成了夫妻倆平時生活的嫌隙。

長期學習阿德勒心理學的我，花了一些時間統整自己的狀態。辨識出這樣的自我挫敗感，其實源自於我在虛構目標（想像家裡要如飯店般的整潔）與真實自我（現實生活）之間拉扯。我開始思考，我期待家中的完美整潔，究竟是為了自我滿足？還是為了讓家人生活得舒適點？這樣的辨識有助我釐清生活上實際需求。

在閱讀本書的過程中，我驚喜發現作者同樣將阿德勒心理學的許多基礎理論，巧妙地結合在生活整理的實際運用上。同時也不禁羨慕本書的讀者們，不需要像我一樣繞了好大一圈，才意識到自己對居家整理的強迫性格，其實是反映了自己不切實際的內在渴望。

作者利用具體的「整理家務」為主要行動描述，協助我們理解阿德勒心理學中所闡述的，當我們感受到內在的挫折時，往往是因為我們無法接納自己。但這樣的負面情緒其實是在「我想變得更好」的目標下，督促我們開始行動！當有這層覺察時，就較容易與自己的負面情緒共處了。從接納自己的挫敗感

（自卑感）出發，以未來為導向，不糾結在過去自己是如何失敗，而是促進往未來前進的「阿德勒式勇氣」，講的就是這個意思。許多阿德勒學派的心理學者都認為，阿德勒心理學是「使用的心理學」（psychology of use），能在生活中實踐，以未來為行動的方向；同時不要求一口氣改變，而是一點一滴地讓改變慢慢在生活中發生。

如同作者所說的，改變的過程中無需呼應世俗眼光中的完美，而是要找出最適合自己的選擇。若我們無法理解自己真實的生活風格，那麼再怎麼整理也未必能自在。因為這樣彷彿是穿著他人不合腳的鞋子，縱使好看，自己卻走得痛苦。理想，是種適合自己並令自己感到舒服的狀態，不等於是完美。To be good enough, not to be PERFECT！（夠好就好，無需完美！），正是阿德勒心理學中一項重要精神。

很喜愛作者對於我們總無法果決地「斷捨離」這樣的困境所做的解讀，她令我看見自己留戀的原來是人與人之間的連結。當意識到自己珍惜的是情感之時，物品的去留恐怕只是我們的替代性補償而已。但若因為與他人連結的渴望，使我們不願捨棄物品又何妨？那真的是自己與他人有所連結的證明啊！生活本是流動的，物件也有去有留，這或許是我們有溫度地活著的證明。人際間彼此的牽絆，或許也是幸福感的來源。

台灣阿德勒心理學會理事長楊瑞珠教授曾在其著作中提到：「困境，必然發生在勇氣與改變之前。」產生勇氣的前提是有嘗試的意願，縱使結果可能不如預期，也要能珍惜自己願意去努力的過程。當我們清楚自己眼下的目標為未來導向，有強烈的意願由衷希望環境（甚至是內心）變得更加整潔之時，面對生活困境的勇氣已浮現在心中。

阿德勒認為，生活，是實踐科學之處。

而生活中的整理，便是實踐科學中的藝術。

前言

最不勉強自己的整理法

如果不管怎麼整理都還是覺得一團亂，「整理」就會是件讓人焦躁的事情吧？這本書，就是特別要寫給這樣的你。

據說，整理會帶來好運。

整理得乾淨整齊的家，不僅打掃起來輕鬆，工作與做家事的效率也會提高，更重要的是住起來讓人覺得舒服，光是待在家裡，就能放鬆心情，心中湧現出「嗯，我明天也要努力！」這樣樂觀的正面情緒。所以整理能為工作、人際關係，甚至是人生的各個面向招來好運氣，讓人每天帶著笑容，所有的一切都順利運作……。

這種想法確實沒錯，只是，執行起來卻沒有這麼順利。

舉例來說，在年底大掃除、或是迎接新的一年來臨時，你是否也曾在心裡暗自發誓：「好，我今年一定要變成能夠維持整潔的人！」，並且摩拳擦掌、躍躍欲試，準備徹底整理一番。但是，回過神來時卻赫然發現，整理狀況不如預期，讓你焦躁無比；或是雖然暫時整理好了，卻無法一直維持整齊乾淨的狀態也讓你十分懊惱……。

「原來，我就是一個學不會整理的人……」，你因為困在整理的惡夢而完全陷入自我放棄的情緒。於是，你開始責怪自己、自暴自棄，對人生所有的一切都變得悲觀。

如果是這樣，就真是太可惜了。好不容易產生「面對整理」的正能量，但這股能量不但沒有帶來好運，反而讓你愁眉苦臉，破壞每天生活的心情與規律，變成自怨自艾的負面能量。

但是，如果你打開這本書，就不用擔心了。

整理既不是苦行，也沒有那麼禁慾。整理其實是最輕鬆、最有建設性的行動，能將平日的壓力、焦躁等「不舒服」的情緒，轉變為愉悅、幸福等「舒服」的情緒！

所以，在日常生活中愈能輕鬆愉快地埋首於整理中，自然就會變得愈喜歡自己，也能夠總是帶著幸福的笑容，朝理想中的自己邁進！

不過，這當中包含了幾個訣竅，其中最重要的就是「阿德勒心理學」。

阿德勒讓我成為「給人勇氣」的居家整理師

阿德勒心理學因為暢銷書《被討厭的勇氣》而廣為人知，備受推崇，又被稱為「給人勇氣的心理學」。我將阿德勒心理學的精華融入「整理」當中，也就是在給予自己勇氣的同時，房間也能變得清爽整潔，進而讓你更有自信，更喜歡自己。

這種整理方式，可說是帶來劃時代的效果，而且無論是多忙碌、多沒耐心的人，也一定做得到。

因為我以前就是這樣的人，無論怎麼整理都不滿意。最後，整理一再挫敗的壓力與焦躁感，更讓我拿家人出氣。

我就是這種「痛恨自己」的焦慮媽媽的代表。但在整理當中融入了阿德勒的心理學精華後，拯救了當時的我。

從那時至今已經過了七年，今天的我就像自己所期望的，變成一個總是面帶笑容、心境平和的人。

當然，我家也變得清爽舒適，在整理時會產生的焦躁感也消失了。而且，我不但成功地改變了自己，還成為「帶給人勇氣的居家整理師」，造訪超過七百五十個的家庭，講解「阿德勒勇氣整理術」，也同時接受相關的諮詢。

我透過自身獲得的實證經驗與心得，全部寫在這本書裡面。而且，這本書對整理的想法與方法，與市面上的整理書都略有不同。

阿德勒整理術的最主要重點，也是最大的特色，就是透過以下兩大主軸來面對整理。

一、先在整理術中融入阿德勒心理學的精華，讓人改變對於「整理」的誤解。

二、在建立正確的整理觀念後，將之融入打造舒適居家環境的六個最佳步驟之中：（一）想像（二）整理（三）收納（四）收拾（五）打掃（六）重新檢視。

這種方式一點也不難，更確切地說，如果你就像幾年前的我，對於整理總是屢戰屢敗，是個「不擅長整理的人」，又或是「忙到沒時間整理的人」，這就是最適合你，既輕鬆、省時又能偷懶的整理魔法。

會覺得焦慮，是因為你「想成為更好的自己」

聽過我講解或接受過我諮詢，包含參加過講座或演講的人在內，最多人回饋給我的感想就是：**「這是我至今試過最不勉強自己的整理法，而且心情輕鬆多了！」**這其中的秘訣與關鍵就是「阿德勒心理學」。

阿德勒整理術的第一個重點就是：「不要否定焦慮，要給予自己勇氣。」

阿德勒心理學告訴我們：**「焦慮與自卑等不舒服的情緒，會成為讓我們進入更舒服的狀態（也就是「實現目標」）的能量。」**對於整理這件事來說，這也是一句至理箴言。

無法整理並非壞事！**現在焦躁無比的你，也一點都不糟！**當你產生煩躁、焦慮、自卑等負面情緒時，反而正是察覺理想與現實的落差，讓你有機會成為理想中的自己！

如果你能夠理解，現在的你之所以會覺得心煩，是因為你已經對「自己想要成為的樣子」或「理想中的樣貌」有所期待，如此，你將能像在後面章節中所詳述的那樣，把「尋找日常生活中的焦躁點」這件事當成愉快的遊戲。

「**人類是自己命運的主角。**」這是我最喜歡的阿德勒名言之一。把這句話套用在整理中，就會變成：「獨一無二的你，就是家裡的主角。」所以進行整理時，完全不需要再受既定的價值觀擺佈，因為只有「你」才能為自己量身打造理想的居家。

總而言之，首先你要誠實面對自己的情緒，並自問：「我究竟想成為什麼樣的人呢？」在釐清想法與目標後，你會認清自己的價值觀。以此價值觀為基礎，再活用前面提到的六個最佳步驟，將焦躁點逐漸改變成會讓自己覺得舒適的事物……。這麼一來，你就能在不知不覺間，將住家整理並收拾成真心覺得舒適的理想居所。

此外，如果能在日常生活中，逐漸培養面對與處理自己焦躁的勇氣，就能產生自信，愈來愈喜歡自己現在的樣子，即使遭遇困境也有足夠的能力面對，而且在未來生活中，除了與「人」之外，也能擴展至與「物」和睦相處。不否定「物品」與「生活感」，也是阿德勒整理術的一大特徵。

「斷捨離」太禁慾，學習和物品一起開心生活吧！

現在將重點擺在「丟棄」的整理術蔚為風潮，因此人們往往容易對「東西多」或是「充滿生活感」的空間抱持否定態度。但是，如果我們沒有物品就無法生活，**空間中放置著物品，就代表有人在那裡「生活」。所以即使東西隨處擺放，物品本身也並非是「不好」的存在。**

你覺得舒適、剛剛好的感覺，當然會和其他人不一樣。你家的人數、家裡擁有的物品種類與數量，也會和其他人不一樣。

所以這本書不會只教你丟東西、減少雜物這種禁慾的做法，而是會建議你坦誠面對自己的情感，輕輕鬆鬆、開開心心地思考「我想和那些物品一起過著什麼樣的生活？」這個問題。

這麼一來，即使不刻意這樣想，你周遭的物品也能自然產生協調感，溫暖地圍繞並守護著你，以及對你重要的人們。這些物品肯定能變成這樣。

能常保乾淨整齊，當然是一件了不起的事情。**但是，生活得舒服、快樂、有自己的風格等，這些事更加重要。**

如果想要透過整理獲得幸福，只靠著既有的方法，會覺得總還差那麼臨門一腳。

請你透過這本書，掌握最獨一無二、最適合自己的訣竅，並誠實面對自己的心情，在不勉強自己的整理方式中，留下「需要、適合、舒適又愉快」的物品，進而讓理想的自己逐漸浮現。

阿德勒心理學概貌

給予勇氣

給予自己與他人克服困難的活力。

創造性自我	人類有能力創造自己的命運。
目的論	人類的行動，有其特定的目的。
整體論	「理智」與「情感」不是對立的兩端，而會互相合作，依循你設定好的目標前進。
認知論	人類會透過自己主觀的理解方式掌控事物。
人際關係論	人類的所有行動都存在著對象。

共同體感覺

人們在覺得能夠喜歡自己、信賴他人、對他人有所貢獻時，所產生的感覺。

※以上節錄自《大幅改變人生的阿德勒心理學入門》（岩井俊憲著，KANKI出版）

給予勇氣、共同體感覺、自卑感

給予克服困難的活力就是「給予勇氣」

- 給予勇氣就是給予克服困難的活力。
- 給予勇氣既不是「稱讚」也並非「鼓勵」。
- 給予勇氣不只能讓有衝勁的人更勇往直前，也能為憂鬱狀態的人帶來活力。
- 阿德勒心理學就是根據右頁的五項理論，運用「給予勇氣」的技巧找出解決之道。

同伴間的連結與羈絆就是「共同體感覺」

- 共同體感覺是阿德勒心理學的重要價值觀，指的是每個人在他所屬家庭、地區、職場中，獲得的歸屬感、同理心、信賴感、貢獻感的統稱，同時也是精神健康的評量標準。
- 生活中的喜悅與恐懼只能從與他人的關係中獲得，因此要把自我的執著，轉換成對他人的關心。

自卑感

- 自卑感、創造性自我及目的論，三者有密切關係。
- 根據創造性自我及目的論的概念，朝著目標積極前進，就能讓自卑感成為自己的夥伴。

藉由物品，我對自己說了許多能帶來勇氣的話。

從前，整理對我來說是一件麻煩、無聊，又永無止境的事情，而且還必須面對「不會整理的自己」，所以做這件事總讓我心情沉重。好不容易整理乾淨了，也完全沒有輕鬆的感覺，反而只是筋疲力竭地感嘆著：「唉，終於做完了。」

但是，如果和郁美小姐一起，我就能邊肯定自己的過去、邊進行整理，同時在心裡回想著：「原來那時候，我是這樣使用這個東西的啊！」、「雖然這對我來說是無可替代的物品，但我已經可以丟掉它了。」我也藉由物品，對自己說了許多能夠帶來勇氣的話，譬如：「原來，我當時真的很努力呢！」、「雖然過程很辛苦，但總算完成了！」等等。

郁美小姐幫我把這些自我肯定的自言自語收集起來，因此我覺得更能接受自己了。

——A・M　東京都大田區　41歲　教師

教導整理的老師居然對我說，東西丟得亂七八糟也沒關係。

正常來講，說法應該是完全相反才對吧？

我最喜歡「不要『壓抑自己感性的那一面』」的想法。

——C・U　東京都葛飾區　38歲　主婦

在丸山小姐的幫助下，整理得以順利進行，真是太棒了。

我根據丸山小姐的建議，一邊覺察自己的感覺是舒服還是不舒服，一邊進行整理，最後終於能輕鬆地把閒置的空箱子或不需要的靠枕丟掉了！我原本也不知該如何收納棉被寢具，但現在已經能夠整理得清爽乾淨。

在丸山小姐的幫助下，整理得以順利進行，真是太棒了。謝謝妳！

——S・E　東京都板橋區　33歲　全職主婦

儘管我們在假日努力整理到完全睡眠不足，但這不是為了其他人，純粹是因為自己樂在其中。

這個周末我與老公共度過了愉快的時光♪，做夢也沒想到，我們夫妻間竟能有這麼大的改變！

當我開始整理儲藏室時，老公竟然探出頭來問我有沒有他能幫忙的事情，還給我意見。我們已經很久沒像這樣一起談天說笑了！

真的很感謝丸山小姐！

——T・M小姐　神奈川縣橫濱市　35歲　上班族

學員的迴響

我找回了自信，變得能溫柔對待家人，也更加幸福了。

我原本想要打造與家人共度愉快時光的居家空間，但不知不覺間卻把整理變成「非達成不可」的目的，而獨自生著悶氣，等發現這點後才讓我恍然大悟。

- 「你想在那個地方做什麼呢？」先做出具體的想像後，再進行收納的規劃。
- 把想要使用的東西，放在伸手就拿得到，或容易拿取的地方。
- 根據讓你舒服與否的感覺，再決定要不要把這個東西留下……等等。

丸山小姐給我的都是這麼單純的建議，比起像是無頭蒼蠅般，抱著「無論如何，一定要好好整理」的心情，實行起來要順利多了。

最近，我覺得愈來愈悠閒。就算因為忙碌而無法如願整理，心情也依然輕鬆無比，會想著：「之前已經稍微整理過一些了，今天就暫時先這樣吧！」

這麼做不但讓我身心變輕鬆，整理變順利，人也變得更有自信、更溫柔。不但家事、工作、育兒都逐漸步上軌道，身邊的人事物都充滿正向的磁場。這都是郁美老師的功勞。

——A・S　東京都中野區　32歲　主婦・料理教室助理

明明是整理的專家，卻跟我說不丟東西也沒關係～♪，真是讓我大吃一驚。

郁美小姐給我適合自己的方法與適當的建議，讓我不再白費力氣，也不會陷入「整理又再度變亂」的惡性循環中。

——T・B　東京都西東京市　39歲　整骨師

我變得愈來愈喜歡整理、打掃和洗衣服了！

郁美小姐，謝謝妳一直以來撰寫的部落格與電子報！

我變得愈來愈喜歡整理、打掃和洗衣服了！

——E・O　茨城縣取手市　39歲　全職主婦

我請丸山小姐幫忙後發生的變化是，一歲九個月的女兒能主動拿出鞋子，並且在玄關擺好，還能在出門時幫我和老公準備好平常穿的鞋子。

我也會請孩子幫我在用餐完畢後收拾餐具，共享做家事的親子時光。

——T・K　千葉縣船橋市　36歲　主婦

「『整理』的本身不是目的，而是通往幸福的方式。」這個想法讓我放下了心中的大石，覺得整理不再是件苦差事。

是自己內心的想法改變，人生也會跟著改變嗎？總之，我開始覺得「一切都是自己的決定」。自己一個人為亂七八糟的空間焦躁不已實在太浪費時間了，所以我不再獨自努力，而是愈來愈常開口請求家人的協助。於是，我與家人的相處方式也改變了。和老公天南地北地閒聊會很開心，孩子們也比我想像中更能幹，我確實感受到他們的幫助。他們未來會具有什麼樣的價值觀與勇氣呢？我就像這樣，愉快地陪伴著他們成長。

除此之外，我也因為學習到阿德勒心理學，不只在面對家人時比較寬容，在面對因為孩子而認識的其他家長時，也更能容忍了。總之，我似乎變得可以接受「原來世界上也有這種人」的想法，也比較容易看到別人的優點。

——Y・K　福井縣坂井市　37歲　主婦

我的頭腦與心情都變得很清爽。

我整理了浴室與廚房。我真的很感激丸山小姐。謝謝你！

——S・O　埼玉縣熊谷市　46歲　全職主婦

「找出我家的舒適感吧！」超實用的阿德勒整理術，讓我轉變成這樣的心情。

丸山小姐「帶來勇氣的整理術」，不僅以簡單易懂的方式傳授阿德勒心理學，也重視各個家庭的實際生活面，將「整理的義務」，轉變成「找出我家的舒適感」，這是最具魅力的部分。

——C・N　埼玉縣埼玉市　43歲　主婦

我在休產假時參加了講座。郁美老師對我說，與其在意能不能整理得很完美，更應該重視能不能過著更方便、更美好的生活，打造出適合自己的舒適空間。這段話讓我的心情輕鬆多了。

家中需要的物品，會隨著孩子的成長而改變，現在在每個不同的時期，我都能按照郁美老師所說，進行適合自己的整理方式，因為勉強自己是無法長期維持的。

——T・N　東京都世田谷區　43歲　上班族

我以前整理時都覺得心情很差，但現在我覺得自己在整理時都滿懷希望。

真的很感謝丸山小姐。今後也請多幫忙了。

——K・S　東京都　46歲　上班族

▲

▲

學員的迴響

最近焦躁的狀況比以前減少了，（雖然也不是完全沒有〈笑〉），我也覺得心情變得比較輕鬆。

第一次見到丸山小姐時，覺得她的笑容很迷人，光是聽她說話就能讓人精神為之一振。她在講座中提到：「一個人擁有的物品，以及隨意放置的東西，都能展現出擁有者的價值觀與思維，甚至是自卑感。」這句話讓我印象深刻。我在之前雖然沒這樣想過，但桌上堆積如山的書籍，或許就是對老公做出「我也是很忙的！」的無言抗議。等我發現這點後，就不再隨意堆放書籍，而能收拾整齊了。

我聽完講座之後，想要讓老公一起參與做家事，並讓他了解這也是「共享兩人時光」的一種方式。雖然說服他所花的時間比想像中長，最終還是完成「兩人一起幸福下廚」這件事。

與此同時，老公的書房也收拾整齊，打造出彼此都覺得舒適的一方天地。原來，只要稍微改變想法，事情就能往好的方向發展，這讓我非常開心。

我希望藉著本書的出版，讓更多人得知「阿德勒心理學」的想法，進而「愛自己、愛家人、度過幸福的每一天」。

——R·M 神奈川縣大和市 41歲 主婦

在廚房做事變得更便利了，我在周末還做了麵包。

謝謝丸山小姐前幾天協助我整理！在那之後，我立刻將客廳收拾乾淨，每一天也都過得很愉快。

我家現在已經幾近理想狀態了，所以今後為居家添購的物品，我也希望是經過精挑細選的「心愛物品」！雖然我買東西時變得愈來愈慎重，得多花不少時間考慮，即使這樣，仍很令人開心。

把屋子整理得比以前更整潔，這讓我非常滿足，而且更實現了我理想中的居家空間，我現在已經別無所求。

──H．M　東京都板橋區　38歲　上班族

配合自己家的格局來思考該如何整理，就會覺得打掃是件開心的事情。

丸山小姐，謝謝妳這次寄來的年度掃除行事曆。保持家中一定程度的整潔並不容易，這份年度掃除行事曆感覺會非常有幫助，需要打掃的地方一目瞭然，我覺得真的是非常棒的點子。

請妳繼續發明更多生活智慧王的新點子。

──K．I　大阪府豐能郡　58歲　主婦

「乾淨的狀態，不一定是最好的狀態。」這句話真的能帶給人勇氣，讓人的想法從「非做不可！」變成「就試試看吧！」

我想要擁有能和三個孩子一起親密歡笑的空間。即使房子裡亂七八糟，但我也能夠放下焦躁感，陪伴吵吵鬧鬧的孩子們♪

我的人生目標是「珍惜重要的事物」，我說的不只是自己與家人，我的範圍還擴及整間房屋，還有我周遭的人與物。

所以，我整理時不是為了丟掉不必要的東西，而是因為要珍惜寶貴的物品，所以懂得放棄不是那麼重要的東西，這個想法讓我更珍愛自己的家了。因為「家」反映的就是自己的內心。

——M・M　東京都練馬區　38歲　化妝師

這個講座讓我把「幸福生活的家」當成人生目標。

開始參加講座後不久，我發現了一件重要的事情，那就是我太想打造「理想的居家」，結果反而忽略了「家人的舒適感」。

參加講座後，讓我改變對於整理的錯誤心態，這真是太好了。

——M・M　千葉縣佐倉市　44歲　育兒心理諮商師

我現在能持續維持整齊的狀態！

我將電鍋與米桶移到水槽旁，動線變得順暢多了。米桶具有收納的機能性，外觀看起來也很清爽！我與老公的老家都寄來了大量食材，現在依然大滿載。但郁美小姐教我的水槽下方收納法真的很棒！

我又手癢想整理了。這次我想要整理衣服。

——M．O　東京都中野區　35歲　全職主婦

啊～我好想要快點打掃喔!!!

許多主婦都是參考郁美小姐的年度掃除行事曆，維持家裡的整潔，所以這些媽媽們總是笑容滿面、身心舒暢。如果媽媽們能夠像這樣保持好心情，家人也會很愉快吧！

記下打掃的日期……原來如此。

因為我總是會忘記上次打掃是什麼時候，這份行事曆正好可以提醒健忘的我；而且看到填滿日期的表格，確實也會產生滿足感，心裡覺得很充實。

我一定要把這份表格改得更適合自己，然後好好運用。

——K．O　東京都中野區　37歲　全職主婦

雖然以前和老公也不算是冷戰，但現在我與他的確重新有了面對彼此的機會。

丸山小姐的話總是能讓我換個角度思考對自己不利的事情，而這樣的思考更像是把壞事變成好事的魔法。

我以前和老公雖不至於完全冷戰不說話，但丸山小姐也讓我與老公重新獲得面對彼此的機會。這麼一想，最近似乎就不再有那麼嚴重的爭執了。

只要稍微靜下心來想想，就會覺得丸山小姐給了我很多幫助，寫這封信時更讓我再度產生了這樣的感覺。我不會忘記丸山小姐教我的事情的！

——Y・H　東京都練馬區　35歲　藥劑師

謝謝丸山小姐的年度掃除行事曆，非常具有參考價值。

我覺得最有感的事情是將床墊上下翻面，雖然雜誌或書籍中也都曾提過這件事。這個工作一個人做起來很辛苦，所以我總是能躲就躲。但只要把這件事情排進行事曆中，事先請老公空下時間來幫忙，做起來就省事多了。

我看著將掃除工作分散在各個日期的表格，發現只要不試圖集中在一次做完，打掃似乎也沒有那麼辛苦。

真的很感謝丸山小姐。

——M・H　埼玉縣朝霞市　48歲　主婦

Chapter 1

阿德勒勇氣整理術，
讓你這次一定能成功！

不懂得整理，不代表你是無用的人！有勇氣接受不完美，才能接納自我

自卑感

現在市面上出版了許多整理書，教大家如何整理、如何丟東西，以及如何收納。雜誌也會製作「使用三十九元均一價商品」的收納特輯，滿滿都是將家裡收拾得清爽整潔的智慧。

當然，很多方法都相當棒，但即使如此，還是有許多人會因為無法整理而心情焦躁，或是產生自我厭惡感。這是為什麼呢？

我認為光靠這些整理術，並不足以消除「不懂得整理」的焦躁感。

我自己在七年前，也曾是因為無法整理，而飽受焦躁、煩惱、自我厭惡所苦的代表。當我愈是抱著「非整理不可」的心情，拚命照著書籍與雜誌教的方

法去做，我每天的生活就愈難順利運作。

那時的我，對整理這件事，感覺已經變得有點類似強迫症了，即使想找朋友來家裡作客，也因為看到一下子就變亂的屋子，而開始自責沒有做好整理工作，覺得「亂七八糟的房間真糟糕」。

過於努力↓不如自己所願↓責怪自己↓更加焦躁↓責怪家人與身邊的人，導致人際關係變差↓累到沒力↓變得更亂——。

這簡直就是惡性循環。

這麼一來，不管再怎麼整理，最後理所當然都會打回原形，再度變亂。或許，一開始就放棄整理，讓心情維持平靜，反而對人生更好也不一定？

話雖如此，如果可以的話，還是想待在乾淨整齊的空間，而不是凌亂不堪的屋子裡，過著舒適的生活。我想幾乎所有人都是打從心底這麼希望。

任何與整理收納有關的書籍，裡面都寫著「把房子整理好，人生的一切都會變得更順利」。但我照著做之後，不但沒變順利，反而還愈來愈糟。在彷彿活在「不會整理」的惡夢中時，阿德勒心理學讓我眼睛為之一亮。

尤其是阿德勒心理學給予「自卑感」這樣的解釋：

「任何人都會有自卑感，這是健康、而且能夠刺激努力與成長的正常心態。」、「自卑感會成為實現目標的能量。」

當我得知這個觀念時，有如醍醐灌頂，覺得自己被拯救了。原來，只要心懷目標，當然就會有自卑感！這樣的自卑感其實是在向自己宣示：「我想成為這樣的人，我想過著這樣的人生。」

健康的自卑感會激起人產生追求改變的力量，形成追求卓越的動力，也就是「勇氣」。而這樣的想法，才是讓我們在進行整理工作時能減輕焦躁感的重點，而且比任何方法都有效。我因此頓悟道：「這種焦慮或自卑感，並不是不好的情緒！」

只有察覺理想自我與現實自我兩者間的差距，期待自己「想要變得更好」、

「應該能做得更好」時，才會產生焦躁，或「自己很沒用」的自卑等負面的情緒。為了消除自卑感，我們會努力改善自己；也因為感受到自卑，才會開始想讓自己脫離「負面感受」的狀況，改變為「正面感受」的情境。

如果你討厭自己早上總是慌慌張張地繞著房間團團轉，手忙腳亂地尋找遺失的鑰匙，那是因為你心裡有著「我想要更悠閒地出門，我想過著不需要找東西的生活！」的想法。

如果你氣自己總是浪費時間站在塞得滿滿的衣櫃前，因為沒有適合的衣服可穿而沮喪，那是因為你抱著「我想要立刻就能搭配好適當服裝！」的想望。

無法整理的自己不是無用的人。

現在焦躁的自己也不是無用的人。

那些焦躁或自我厭惡等不舒服的情緒，展現的其實是自己想變得更好的上進心，也會成為讓自己進步的原動力，成為你實現理想自我的重要指引。所以，請先滿懷自信，鼓勵已經擁有理想自我形象的自己。

為什麼再怎麼整理也整理不好？所有的一切，都是你的選擇

創造性自我

了解擁有憤怒、不安、自卑感等負面情緒並非壞事後，接下來要做的就是接受現狀。這也是獲得「整理的勇氣」，讓整理不再令人焦躁的訣竅。在這個想法裡，包含了阿德勒心理學中「創造性自我」的概念。

阿德勒說：「人類是自己命運的主角，是描繪自我人生的畫家。」每個人都可以決定自己該如何解讀與面對所處的環境，既然如此，**現在無法整理的現狀，其實也是你自己決定的事情**。

房子太小、太忙、捨不得丟東西、收到太多東西、缺乏體力、無法物歸原處、難以克制購物的衝動跟欲望……**無法整理的理由或許五花八門，但東西存**

在是不爭的事實，而東西之所以在那裡，也是你的選擇與決定。

這種說法聽起來似乎非常嚴厲而且毫不留情，但請你千萬不要因此而覺得沮喪。就阿德勒心理學而言，無論什麼樣的現狀都絕對不是壞事，這些情況只是你根據自身目的所採取的行動罷了。他認為：「我們之所以無法改變，是因為自己下定決心不要改變。」

因此，不管你因為什麼樣的理由而無法整理，現在的狀態都是你自己所決定的最佳策略，而且這當中必定隱藏著正向的目的。簡單來說，至今為止，因**為你覺得不整理的好處更多，所以你才會做出「不整理」的決定。**

在這裡舉個例子。最近有一位埋首於工作的獨居女性前來找我諮詢。經我仔細詢問後發現，她在假日時「想要自己一個人好好休息，不想找朋友來家裡」，如果不整理的話，就可以因為覺得家裡太雜亂而怕丟臉，因此名正言順地不需邀請別人來作客了。這就是她不整理的好處。

此外，還有位家中有兩個孩子的全職主婦，對她來說，不整理也有好處。

「如果把家裡整理得整整齊齊，別人就會覺得當全職主婦很輕鬆。所以我想要透過不收拾亂七八糟的屋子，讓別人知道自己有多麼辛苦。」

話雖如此，即使我們察覺到不整理的優點，或許也不願意一開始就承認。

而一直以來總是尋找各種藉口逃避整理的你，或許也像前面案例中的這兩個人一樣，選擇以「不整理」的方式，做為避免再責怪自己、傷害自己的防衛手段。

只是，阿德勒心理學認為，性格是可以改變的，只要改變習慣與想法，就能徹底翻轉。

「雖然現在做的事情並不壞，但還是可以採取更具有建設性的行動喔！面對困難時雖然可以消極躲藏，但也可以再次付諸行動，度過難關。現在就動手試試看吧！」

這就是阿德勒學說中，「創造性自我」最棒的地方。

阿德勒勇氣整理術也是同樣的理念。

只有你，能夠創造現在的自己；也只有你，能夠改變未來的自己。你可以選擇「會整理的人生」，也可以選擇「不整理的人生」。

用阿德勒心理學理論進一步解釋，就是：其實你並非「不想做」或「無法改變」，而是你自己決定「不要做」或「不改變」。無論什麼樣的人都不會因為過去的經驗或成長環境受到影響，每個人都擁有創造未來（自己的命運）的能力。一切都是取決於自己。

不要追究無法整理的原因，只要想像「理想的自己」和「理想的行動」

目的論

很多人，包括認識阿德勒心理學之前的我在內，在立下「這次一定要好好整理！」的決心時，首先做的第一件事，往往都是去尋找從前無法整理的「原因」。相信對於這樣的說法，你也心有戚戚焉吧？

當我們看著亂七八糟的屋子時，會覺得心浮氣躁，厭煩地嘆口氣，並在心裡自問：「家裡為什麼會變成這樣呢？」不僅如此，我們也會有意無意地質問家人：「為什麼會變得這麼亂？」、「到底問題出在哪裡？」……。

這樣的舉動乍看之下像是要從根本上解決問題，以整理為題的書籍雜誌，也經常會分析無法整理的原因，譬如：不整理可能是因為沒有時間，也可能是外界的阻礙或干擾，或者毫無頭緒，完全不知該從何做起。

但是阿德勒整理術，卻刻意不追究原因。因為如果把全副心力都放在追究原因，最終都會演變成責怪自己或是他人，譬如：「因為那個人有錯」、「因為自己不夠能幹」，或是「我不知道整理的方法跟訣竅，所以才不會整理」……等等，導致被指責的一方產生防衛心，心情也很難變得正面積極。

所以，阿德勒整理術雖然承認「無法整理」這件事一定存在著某種原因，但卻不會試圖一定要追根究柢。它著重的是放眼未來，勾勒出對未來的想像，譬如：「自己想在這間房子裡做什麼？」、「自己想要過著什麼樣的生活呢？」這類的想法，就是阿德勒心理學中目的論的概念。

阿德勒認為：「存在於人類各種行動背後的不是『原因』，而是未來想要達成的『目的』。」、「意志是連結未來與現在的橋梁。」、「未來可以根據自己的意志主動打造。」

這也是目的論的一大優勢——「目的」並不在過去，而在於未來。也就是說，我們要「關心未來的目的」，而不要「在意過去的原因」。即便過去或外在無法改變，也無法阻礙我們往目的前進。

這種追求未來的「目的論」，與佛洛伊德提出「過去的原因會對現在造成重大影響」的「因果論」完全相反。而此種想法也會幫助我們獲得「整理的勇氣」，讓整理不再是件令人焦躁的事。

請你試著在進行整理工作之前，具體想像你預計在家中想做的事情。你想要在變得整潔的屋子裡做什麼呢？

- 「我想要在像咖啡店般優雅的空間裡，悠閒地喝下茶。」
- 「我想要邀請朋友來家裡，開開心心地聊天。」
- 「我想要和家人一起開心地吃飯。」
- 「我想要慵懶地躺在沙發上，聆聽喜歡的音樂。」

如果不像這樣，仔細分析與探究內心的想法，只是人云亦云地覺得整理會帶來好運，或是認為整理似乎可以改變人生，老實說，這樣的整理是無法持之以恆的。

只有採取行動，往理想中的自己邁進，才能改變你的想法，改變你的屋子，進而改變人生。

前面提到的那位獨居女性，發現自己「真正想做的事情是打高爾夫球」，於是她開始思考「是不是要把桿袋擺到能夠立刻拿出來的地方呢？」，或是「如果把打球穿的鞋子、T恤、帽子全部和桿袋擺在一起，想去打球的時候就能立刻出門了」等等。她便開始依此想法，進行適合自己的整理，也成為自己人生的主角。而且就連休閒嗜好也一起納入整理的範圍，思慮顯得更周全了。

我在前面的「創造性自我」中提過，任何人都不會受到過去經驗與成長環境影響，每個人都擁有創造未來、也就是決定自己命運的力量。只有你，能夠創造現在的你。也只有你，能夠改變未來的你。**只要擁有「想要改變」的意志，自然就會為了實現理想而採取行動。**

所以，請你絕對別再自怨自艾，追究過去（原因），而是不斷想像「理想的自己」與「理想的行動」。這麼一來，在你心中也不再只充滿對既往的懊悔，而會滿懷對未來（理想的自己）的期待。

整體論

焦躁感也是你的朋友，任何情緒都能幫助你實現理想的自我

在阿德勒心理學中，有一種主張叫做「整體論」，認為「人的心中不會存有矛盾」。

進一步解釋，就是指理性與感性、身體與心靈、意識與潛意識，這些概念彼此都不會產生矛盾與糾葛，而且關係密切，相輔相成，也互相平衡。這種無法分割、統合的一體就稱為「整體論」。

按照此種說法，人們就不能再把「我想做～，但是做不到」當成藉口了。當你說：「我真的很想整理，但我很忙，沒有時間。」其實只是你在為「不想做」找推托之辭而已。

像這樣，「理性與感性」、「意識與無意識」兩者乍看之下似乎相互矛盾，其實還是為了達成共同的目標而互相合作。也就是說，在面對難以抉擇的掙扎時，人們仍會依照自己的意願與判斷，做出「不付諸行動」這種對自己有利的選擇。所以，我在創造性自我的部分也提過：「你不整理，其實是因為你根本就不想整理。」

只是，阿德勒心理學不會責怪先前所做的決定，而是拋開過去，關注未來，透過對未來的想像與期待，讓自己變得正面積極，主動產生「好，我一定要改變！」的想法。這時，即便是負面情緒也能成為你最有力的夥伴，因為它具有讓人思考如何能變得更好，進而展開行動的正向意義。

在目的論中曾提過，阿德勒心理學認為「所有行動都有目的」，而你之所以會產生「舒服」或「不舒服」的情緒，也是同樣的道理，因為「我們展現出的任何情緒背後，都有其目的」，包括興奮、喜悅、放鬆、安心、舒適、愉快等「舒服」的正面情緒，也包括焦躁、煩悶、不便、疲倦、不安、不順利、憤怒、自我否定等「不舒服」的負面情緒。

許多人只肯定「舒服」的情緒，對「不舒服」的情緒抱持否定的心態，但事實並非如此，這兩者同樣重要，因為它們都是為了幫助你達成目的、實現理想所出現的感受，這些情緒彼此相輔相成，驅使你採取行動，朝同一個目標前進。

或許有人會說：「同時催油門（正面情緒）又踩剎車（負面情緒）很不合邏輯，不如把剎車放掉吧！」但阿德勒心理學不會做出這樣的建議，而是認為：「車子就是要同時有油門與剎車，才能安全行駛啊！」就像每個人的內心也要油門與剎車並存，而且兩者都功能完好，人類才能順利生活下去。更明確地解釋，就是：「**情緒會配合你最主要的目的，不斷交替釋放出舒服與不舒服的感受。我們要學習善用情緒，而不是被情緒推動、受它支配。**」

這就是阿德勒心理學中整體論的思維。

所以，焦躁、疲倦、厭煩等「不舒服」的情緒，也都是你的內心為了幫助你成為理想中的自己，所釋放出的重要訊息。

認真的完美主義者，會在覺得「我受夠了，我再也不想整理」的時候，仍努力靠毅力撐下去，並且在進行得不順利時自責。如果你就是這樣的人，阿德勒勇氣整理術希望你不要勉強自己，而且，即使產生負面想法也沒關係。

這樣的你，只不過是因為自己現在選擇「展現個性晦暗的那一面」罷了。或許是要自我保護以避免面對整理失敗時的挫折，也可能是想逃避遭到人際關係的否定……。

阿德勒心理學認為，就是這種自我保護的行為，才讓人們表現出負面的情緒與行為。但如果能發現到這點，焦躁等不舒服的情緒，也會不可思議地變成耐人尋味、值得細細省思的事情。

我在認識阿德勒心理學之前，也總是立刻就否定產生負面情緒時的自己，覺得「焦躁是不好的情緒，我不能這樣」。但自從我發現「咦，焦躁好像也沒有那麼糟，它似乎是想傳達某種訊息」之後，我就不再討厭焦躁，反而能夠享受察覺情緒的樂趣。

愈是堅毅、努力、忙碌的人，愈容易在日常生活中失去察覺自己情緒與心情的感知。但如果知道**焦躁是源於自己內心的訊息、是一種覺知的訊號**，就能仔細觀察並重視每一種情緒。事實上，「整理」就能讓我們輕鬆做到這件事。

舉個例子。假設我們一打開廚房的儲藏櫃時，義大利麵就「啪」地掉下來，會讓我們覺得「好煩」。但仔細思考這種小小的煩躁，事情就會變得很有趣。

比如說，當我們發現「自己其實想要輕易就能把義大利麵拿出來，而且迅速煮好」，或者覺得「得把手伸進櫃子深處才拿得到東西，真是麻煩」，就會開始思考解決方式：「那麼該怎麼做才能達到我的目的呢？」

當我們像這樣開始察覺並分析自己的焦躁，就能逐漸改變困擾之處，讓自己處於舒服的狀態，並從中培養出「我做得到」、「我沒問題」的小小自信。這些都是具建設性、重視自己的積極行動。

我便像這樣，在每天的生活中觀察自己的情緒，結果，整理逐漸從麻煩又討厭的痛苦工作，變成有創意又愉快的幸福時光，也讓我能夠誠實面對自己的心情、珍惜自己，進而實現理想的自我。

目的論・整體論

檢視自己焦躁的原因，就能發現需要整理的地方

透過觀察包含焦躁在內的負面情緒，就能清楚看見需要整理的部分。

可能你對於許多事情，都覺得是「非做不可」的義務（must），像是「非整理不可」、「非丟掉不可」、「非保持乾淨不可」……，但在釐清自己的情緒後，義務就會成為意志（will），變成自己主動「想做」的事情。

不僅如此，你還能像玩遊戲一樣，從屋子的某個角落開始，逐一檢查有沒有讓自己覺得焦躁之處，這些地方就是你的整理重點，同時也會成為你打造理想自我的基礎。

而這也與本章一開始提到的自卑感有關。我們因為察覺自己焦躁或不舒服

的情緒與自卑感，因此能改變接下來要採取的行動。換句話說，焦躁與自卑感能成為幫助我們實現理想自我的助力。

我現在也會建議來找我諮詢的人，在著手整理時，先抱著玩遊戲輕鬆愉快的心情，列張屬於自己的「焦躁點清單」。至於擅於畫圖的人，則可以用畫畫代替文字書寫。

只要發現「很討厭，讓人覺得很煩」的部分，就一一寫進筆記裡，不管是多枝微末節的事情都無所謂。等到解決問題之後，再一邊體會「我做到了！」的喜悅（也就是「舒服」的情緒），一邊將其劃掉刪除。

以我自己為例，我寫下的焦躁點有「杯子放太遠，拿不到很麻煩！」或是「放海綿的地方一下子就變得濕濕黏黏的，打掃起來很辛苦！」等等。這些事情在別人眼中，大概會覺得這只是芝麻綠豆大的小事，想要怎麼做都無所謂吧，但只要自己覺得「很煩」，就會懷著「啊，又發現了一個令人焦躁的地方！」的心情寫下來，就像玩尋寶遊戲一樣。

即使一天只能解決一個問題也沒關係，只要把焦躁點變成令人舒服的地方後，就用紅筆把它劃掉，等到全部刪除時，相信你一定能獲得如同遊戲闖關成功的成就感！

自信就是勇氣的泉源，也是驅使自己採取行動、實現理想自我的能量。這個尋找焦躁點的整理遊戲，正是把你的負面情緒轉化為動能的技巧。

所有焦躁點都消失之後，不僅屋子變得舒適，也能在自己心中累積「我做得到」的自信。

價值觀因人而異，不勉強自己，也不為難別人

認知論

大家往往會以為每個人眼中的世界，都和自己現在看到的世界相同。但其實每個人都戴著自己獨一無二的有色眼鏡，並透過這副眼鏡看待事物。如果你戴的是玫瑰色鏡片，會以為世界都是玫瑰色，事實上，這只是因為你未曾察覺自己戴了玫瑰色鏡片的眼鏡。

舉例來說，有些人喜歡在屋子裡擺放鮮花，覺得鮮花很美，也會讓空間散發活力與生機。但有些人並不覺得花有什麼美的，還得換水，所以認為不需要自找麻煩。或許也有人因為家裡有幼兒，所以根本不在家裡擺花瓶，因為如果不小心打破的話會很危險。又或者有些人會覺得，小孩的舊玩具是無關緊要的

破銅爛鐵，既佔位置又礙眼，很想丟掉，但對孩子來說，這或許是想要珍藏一輩子的寶物。

由此可知，看待物品的眼光（價值觀）非常主觀，且因人而異，這在阿德勒心理學中稱為「認知論」。而這個認知論的思維，對於獲得「整理的勇氣」來說也非常重要，因為認知論能夠為你創造最適合自己、也是最獨特的舒服（舒適）空間。

察覺到彼此「眼鏡」的差異，也能讓你尊重一起生活的伴侶與家人的價值觀。只是，大部份的人都沒有發現這件事情。

我以前也是如此，總是被世俗的眼光與價值觀牽著鼻子走，無法誠實面對自己戴著的眼鏡（價值觀）；又或是強行讓家人戴上自己的眼鏡，要對方接受自己的想法。這樣的**「認知偏見」，不但自己變得十分偏執，對家人的多所干涉也常產生許多衝突**。

那麼，該怎麼做才能珍視自己、也尊重別人的認知呢？我推薦的方式，就是玩「價值觀遊戲」。這是阿德勒心理學的認知論應用，可以讓人簡單又迅速體認到每個人都有不同的價值觀。

以下有三個問題，請逐一回答。

第一個問題：「你喜歡晴天還是雨天？」

不管你選擇的是晴天還是雨天，都請試著思考「自己為什麼喜歡晴天／雨天？」

第二個問題：「你喜歡深色的衣服，還是淺色的衣服？」

回答這個問題時，也請你試著思考自己選擇深色／淺色的理由。

最後一個問題：「你喜歡擁有大量物品？還是東西少少就好？」

無論你的回答是什麼，也都請你稍微試著想一想自己為什麼會這麼回答。

當你獨自玩這個遊戲時，可以重新發現自己意想不到的價值觀；很多人一起參與時，則會發現大家的喜好、做出選擇的理由完全不同，甚至對每個人價值觀的巨大差異感到驚訝。

以衣服的顏色為例，有人會因為黑色能讓身形看起來更苗條，所以對黑色情有獨鍾；但也有人是因為對自己的身材缺乏自信，所以喜歡黑色能遮掩身材缺點的效果。

第三個問題「大量或少量物品」也是一樣的道理，有人覺得東西少，打掃起來比較方便，也不會不知該從哪裡開始整理起而毫無頭緒；但也有人覺得家裡東西多，比較有安全感。而且，每個人的理由都沒有錯。

我在這裡要說明一下。**東西多不一定是件壞事，這只是代表著一個人的價值觀，是他的個人特色，更或許是他獨特的魅力所在**。也因為有人保留與珍藏物品，美術館與博物館才得以建立。所以整理時不需要盲目地丟棄，覺得非得奉行極簡主義不可。如果勉強自己丟東西，等物品減少後，說不定會產生大肆採買、瘋狂購物的補償心理，反而讓空間變得更亂、更難整理。

總之，如果不是自己覺得舒適自在的居家，並且物品數量維持在讓自己覺得舒服的程度，到頭來這樣的空間還是不適合自己，乾淨整齊的狀態也無法維持，終究還是會恢復原狀，亂成一團。

對獨居的人而言，即使自己對物品該丟或該留的想法，與市面上多半的整理書不同，也應該重視自己的看法。

舉例來說，判斷一件物品該不該丟棄時，最基本的原則是對自己的直覺（也就是我們戴的「眼鏡」）擁有自信，做出選擇。

此外，無論是「這是必需品」這種客觀的「理性」，還是「我很喜歡，所以這個東西很重要」的「感性」，兩者都必須同等重視。我在整體論時提過，人類的理性與感性需要維持良好的平衡，所以我們不需勉強壓抑理性，只重視興奮、期待等「感性」；相反地，也不能只重視能否用得到、有利還是有弊等「理性」。

我挑選使用的物品時，遵循的關鍵字就是「舒服」或「不舒服」。

我們經常會根據「好」或「不好」，是「對」還是「錯」等這些理性標準進行兩極化、非黑即白式的思考。在我們面臨抉擇，必須做出判斷或取捨時，上述的關鍵字雖然籠統，但對我們來說，卻是在理性與感性之間能否巧妙取得平衡時，非常清楚易懂的標準。

這個標準不是老套的價值觀，而是能讓你懷著自信，選出同時滿足理性與感性、最適合你、能為你帶來光明未來，實現理想自我的物品的重要依據。

此外，在最後一章我也會詳細提到，如果不是獨居，而是和室友或家人等一起生活時，如何確認並尊重彼此看待物品的價值觀，共度愉快的同居生活。

以我自己為例。在我體悟認知論之前，就曾經因為殺蟲劑的擺放位置和老公大吵一架。

因為在我的認知當中，殺蟲劑屬於「噴罐」，所以我把殺蟲劑與玻璃清潔劑等其他噴罐一起收在洗臉台下方；但老公卻因為蚊子都從玄關飛進來，以為我會把殺蟲劑擺在玄關。結果某天我不在家時，老公不管怎麼找都找不到殺蟲劑……。

儘管我們事先已經對各種物品擺放的位置達成共識，但還是發生這樣的事情。這是因為我看到殺蟲劑時，和整理同樣進行的是「分類」聯想；但老公卻和收納時一樣，進行的是「使用場所」聯想。

就旁人看來，這種想法的差異或許是非常微不足道的小事，但每當我回想起這件事時，就再次感受到與別人共同生活時，不只要互相包容忍耐，更要溝通並確認彼此對於物品的聯想方式，進而磨合彼此的價值觀。

懂得整理，人際關係也會變順利

人際關係論

阿德勒曾說過：「所有的煩惱都是人際關係的煩惱。」在這個人際關係論的主張中，認為「所有的行動都存在著對象」。

這個對象可能是朋友、點頭之交、工作夥伴、家人等，也可能就是自己。如果想要理解這個對象（即便是自己），只要觀察「他」如何與別人相處即可。因為我們雖然看不見對方的想法（思考方式），卻能觀察其人際關係（行動），透過這種方法認清他的真實面貌。

各位或許會覺得，人際關係似乎與能否好好整理沒什麼關係。但是否能正確理解他人，關心他人，這對於實現理想自我、改善堪稱所有煩惱根源的人際關係來說，是十分重要的事。

如果把這種人際關係論應用在「看待物品」的層面，能解讀為「你可以透過所有的物品，看見它們背後的對象」。例如：

- 因為是母親留下來的和服，所以要好好珍藏。
- 因為是學生時代和社團夥伴一起製作的，是充滿回憶的T恤，所以得保留下來。
- 因為是要好的鄰居送的盆栽，所以捨不得丟。

每件物品背後，必定都有這樣一個對象存在（有時就是自己）。而我們就這樣，與藏身在物品背後的隱形人共同生活著。

在理解這點之後，我們只要思考「自己想和這個對象保持什麼樣的關係」，就能對於該如何處理這件物品做出正確的判斷，並且還能逐漸透過這件物品，清楚看見獨一無二的自己，以及在未來想變成什麼樣的人，過何種生活。

舉例來說，某位委託人因為現在使用的沙發被孩子弄髒而覺得看起來很礙眼，卻又遲遲無法下定決心花錢換新家具。不知該如何是好的他，前來找我商量。

這個沙發對他來說，就是個「不舒服」的存在。

「既然覺得不舒服，買個新的不就好了嗎？」雖然我也可以給他這樣的建議，但除了「沙發」這件家具外，我也注意到其背後隱藏的人際關係。

我請他站在沙發前面，思考自己想要與孩子建立什麼樣的關係。

「你覺得自己在擺放新沙發的空間裡，才能和家人一起愉快地相處；還是想繼續使用熟悉的舊沙發，即使上面有孩子的塗鴉也不會介意呢？」

他略想之後回答：「我其實只有在客人來訪時才會覺得不好意思，其他時候即使孩子把沙發弄髒，我也無所謂，我發現這對我來說是張『舒服』的沙發！」

被孩子弄得髒兮兮、座墊縫隙中有時還會卡著小玩具的沙發，乍看之下的確令人覺得不是很愉快，但他發現，這個沙發在他實現自己的「理想樣貌」（也就是「大而化之的自己」）時，其實是個非常方便，而且必要的物品。釐清自己真正的感受後，他笑容滿面地對我說：「這個沙發大概還能再用個兩、三年，而且完全不用擔心弄髒這件事！」

由此可知，對於丟不下手的物品，在該丟或該留之間猶豫不決時，如果能釐清其背後代表的人際關係，你看待物品的方式可能會就此改變。

這種方式，也可以擴及至看待「物品的使用者」上。「物品」不單單只是物品，也傳遞著來自使用者的訊息。

舉例來說，家庭主婦在洗衣服時，可能發現先生白襯衫上的領子污漬，會每天有不同的變化吧？透過白襯衫，可以揣想「穿衣者的行為」，並體貼先生工作的忙碌與辛苦。例如，在衣服特別髒的日子想像「今天工作上有重要的報告，他大概很緊張吧」，或者「他應該是在大熱天外出吧」。

又像是當我們看到兒童房散落一地的玩具時，也能從中窺見孩子的成長，並體會到「孩子似乎玩得很開心」，或是「他把積木組成的電車放在軌道上跑，真是有趣的想法」等等。

還有，當看到屬下的辦公桌亂七八糟時，我們也能產生「他真是努力啊！」的感受，或「他似乎有點焦急，我是不是該詢問他一下呢？」的關切之意。

像這樣，如果你能看見物品背後代表的意義，之後無論是對待物或人，都會變得正向且積極。

在你察覺來自物品的正面訊息之後，即使希望對方能把物品丟掉或整理好，也不會再單方面採取高壓的命令語氣，叫對方「快點整理！」，或是語出威脅「你再不收好我就要丟掉了！」

如果你秉持想和對方好好相處、保持良好關係的初心，即使說出口的話語氣平和，也一定會傳達出真誠的訊息與期望，譬如：「我想把它放回原位，可以請你幫忙嗎？」

這麼一來，與對方的關係自然會逐漸改善。這就是為什麼愈整理，人際關係也會變得愈順利的原因。

給予勇氣

鼓勵自己，勇氣就會源源不絕產生

阿德勒心理學最大的特色之一，就是「給予勇氣」，甚至還因此被稱為「給予勇氣的心理學」或「勇氣心理學」。

我在最後一章也會提到阿德勒勇氣整理術的最終目標，就是帶給家人與他人勇氣，也就是給予他們克服困難的活力。而如果想要給予他人勇氣，首先必須給予自己勇氣。

給自己愈多勇氣，就愈能順利根據前面所提到阿德勒心理學的五個理論，完成不焦躁的整理，進而接受真正的自己、改善人際關係，變得富足而幸福，實現理想的自我。

這聽起來好像很複雜，但絕不是件困難的事。簡單地說，就是「成為自己的朋友」。要做到這點，請你試著用下面這些心態與自己相處。

- 不要只在乎「沒有做到」的事情，而要把焦點放在「已經做到」的事情上。
- 即使做得不完美，也要肯定自己的努力。
- 不要在乎「整理的結果」，而是重視「努力的過程」。
- 無論覺得「舒服」還是「不舒服」，都不要予以否定，要完全接納自己的情緒。

除此之外，不管是完成多細微的小事，都不要吝惜愉快地告訴自己：「沒問題！」、「愈來愈好了喔！」、「做得好！」如此一來，這些小小的自信自然就會在心中萌芽、成長，最終匯集為「克服困難的活力」。

只要成為自己最有力的夥伴，不管在原本以為自己多麼無用的日子裡，也一定會發現自己值得稱讚、誇獎的行動。這些日積月累的成功體驗，是讓一個人持續改善的重要動力。

舉例來說，像我這樣的家庭主婦，不管每一天看似多麼無所事事，也必定會完成什麼事，譬如：幫孩子摺衣服襪子、倒垃圾、幫老公整理領帶，或擦桌子等等。

這些理所當然的日常舉動很容易被忽視，但這才是最需被關注、最需要不斷自我激勵的事情。光是這樣，就已經是不折不扣的「給予勇氣」了。

我剛開始實踐阿德勒整理術時，會在睡前專心尋找自己的優點，以及自我鼓勵「做得好」的事情。像是：「我把筆放回原位了呢！」、「我把衣服摺好了喔！」、「我把當季的家飾品擺出來了。」、「我把折價券整理好了。」我每天肯定自己的，都是這些無足輕重的小事情。但不可思議的是，當我這麼做之後，自然便開始湧現出「好，我明天也要好好整理！」的動力。

現在，我的這種做法已經超越了整理的範圍，甚至也感染給孩子，我們每天都會玩「今天做得好」的遊戲，互相詢問彼此：「今天做到的事情、做得好的事情是什麼呢？」

在你進入夢鄉前，想的是「唉！今天又一事無成……」，還是「今天很努力，真的很棒！」呢？哪種狀態的睡眠品質比較好，大家可想而知。透過鼓勵，給自己信心，建立自我價值感，相信隔天你一睜開眼，就一定能馬上感受到「美好快樂的一天即將展開」這樣充滿積極而正向的能量。

能給予自己勇氣的人，可以允許屋子或多或少有些凌亂，即使沙發上堆滿待洗的衣服、水槽裡堆積著碗盤，也不會責怪自己是懶惰的人。於是，「不用太努力整理」變成了愉快的習慣，待之後有時間、有精力再逐步慢慢整理，自然就能把屋子收拾成舒服的狀態。

這不是理想論，而是我與委託人的經驗談。現在來找我進行整理諮詢的人，大多不是偷懶不整理的人，反而幾乎都像是得了強迫症般，覺得自己非得努力維持整潔才行。所以我更想把「不需要刻意努力」的阿德勒整理術，推薦給過去因為「太努力」整理而覺得辛苦的人。

話雖如此，我想一定還是有因為太過沮喪、疲憊，而找不到任何話語來給予自己勇氣的時候。這時可以做什麼呢？舉例來說，可以用第二〇二頁所寫的「帶給自己勇氣的一百句話」，為自己打氣。

好了，到此為止，你應該已經做好萬全的準備，你內心或許已經充滿阿德勒式勇氣，準備開始進行不焦躁的整理。

接下來只要實踐即將介紹的六個最佳步驟，從內心解決生活的整理難題，找回自己的生活感與舒適感，這次你的整理工作一定會變得愈來愈順利！

Chapter 2

透過想像、整理、收納，打造整齊的房間

第一步：幸福的理想生活，就藏在細微的「理所當然」中

整理收納書籍或雜誌的室內設計特輯等，經常會這樣寫道：「你理想中的生活是什麼樣子呢？就讓我們透過整理來實現吧！」但很可惜的是，書中所描述理想生活，不論是文字或圖片，都很可能並不是你真正想要的。

舉例來說，很多來找我諮商的人都會說：「我想住在像飯店一樣舒適的房子裡」，或者「我想把家裡佈置得像樣品屋一樣漂亮」。

這樣的理想或許有一天會實現，但通常不是現在。因為飯店或樣品屋離一般人的生活太遙遠了，這會讓他們停留在美好的幻想中，卻無法將實際的整理工作落實於現實中，因而難以跨出第一步。

所以我會建議他們在勾勒未來住家的輪廓時，盡量不要參考那些看起來賞心悅目的室內設計雜誌，而且要試著釐清自己的價值觀，問自己：「平常我覺得最幸福的時刻是什麼時候？」、「我為什麼想過這樣的生活？」，藉此找出能讓你感覺幸福的生活方式。

比如，獨居的人可能會想像「我想利用精油香氛放鬆身心」，或是「我想在早上起床時做做瑜珈」，享受一個人的自在與隨興生活。

母親則可能會想像「我想和孩子一起做點心」這類的天倫之樂，或是「希望能與家人擁有愉快的家庭生活，也期望能保有屬於自己的時間與空間，做喜歡的事。」

至於和伴侶一起生活的人，則可能想像「我想在放假的時候，和另一半一起悠閒地窩在沙發上，看喜歡的電影。」享受兩人甜蜜世界。

重點就像這樣，不是天馬行空地幻想室內設計雜誌裡美好卻無法實現的場景，而是要將夢想落實在能讓自己感到愉快滿足的實際行動上，具體想像「在整理好的房間裡生活的樣子」。

如果你是個愛看電影的影迷，但家裡的電視櫃上卻堆滿亂七八糟的雜物，生活在這樣的空間裡，當然會讓人焦躁莫名，難以享受觀賞影片的樂趣。或許你該做的，是先將電視櫃清乾淨，並擺些鮮花美化室內，也藉此改善自己的心情。

暫時無法決定用途的空房間也是一樣。只要思考「我想在這個房間裡做什麼」，就一定能將其改造成可以靈活運用的房間。

對於曾來找我諮詢的所有人而言，他們的理想生活其實都已經存在於理所當然的日常中，就算是那些說「我家實在亂到不行！只會讓人覺得煩躁」的人也一樣。只不過他們感受幸福的時間很短暫，所以難以察覺。

我認為真正的幸福並不是什麼了不起的東西，只是因為你身處其中，當局者迷，所以難以感受與體會罷了。

阿德勒整理術就是希望你能夠透過整理，發現這些微小的「理所當然」，
進而帶給自己勇氣。

垃圾桶太小，文件堆積如山……將你的焦躁點一一擊破吧！

在想像該怎麼做的「行動想像」階段中有個訣竅，那就是：不需在意「生活動線」等這類困難而專業的事情。因為**這個屋子的主角終究是你，或者還有你的家人**，能讓全家人的行動與生活覺得舒服、有效率的規劃安排，就是最流暢的動線。

各位覺得是不是很有道理呢？

「唔……但我還是有點不太能想像出具體的樣子……。」

如果是這樣，就輪到我提過的「焦躁點清單」出場了！

請你試著畫出屋子的格局與配置，然後在上面標出讓你覺得討厭、不舒服、使用時不順手的部分。譬如垃圾桶太小，一下子就滿了；書桌上堆滿整理不完的文件；或是家電用品的使用說明書太多，覺得很麻煩……等。不管是多細微瑣碎的雜事都無所謂。

接著，再請你試著想像自己想採取什麼樣的行動，以徹底根除這些焦躁點。譬如「垃圾桶再稍微大一點會比較好」、「我想保持書桌的清爽」、「我希望可以輕鬆找到家電用品說明書」。絕大多數的人在檢查這些焦躁點之後都會驚訝地發現：「原來家中每個角落，都充滿我想要改變的地方。」

你能找出多少焦躁、不便的部分，就一定會想要針對這些地方採取改變行動。**這些讓你產生煩躁的行為模式與生活型態並非天生，而是可以依自己的意願所決定，也就是隨時都可以改變。只要你有心想努力改變，就一定能夠做到。**

此外，就算有太多想要改變的地方也沒關係，因為就像我在自卑感的部分提到的，這些焦躁感與不方便，終會化為驅使你進行整理的正能量。在這些「真正想採取的行動」背後，更能讓你看見「你想成為的樣子」。

我在開始整理之後，就發現自己想要成為「充滿笑容的快樂媽媽」。而你，又想透過整理實現什麼樣的自我呢？

請務必利用這個機會，進行愉快的想像。

第二步：將物品全部取出、分類、減量，然後進行整理

完成第一個步驟「行動的想像」之後，你就會擁有一張對你來說最能夠信賴、也是最適合你的整理地圖。

接下來的第二個步驟，就請你將想像落實在生活中，開始準備著手進行整理。整理的重點在於將東西全部取出、分類，而後減量。**因為這麼做可以了解收納空間裡到底擺放了哪些物品。**此外，清空之後，**也能更清楚知道收納空間原本的大小。**

舉例來說，有些人在整理餐具櫃時，會從櫥櫃上層找到購買之後就渾然遺忘的蕃茄醬與美乃滋。「啊，原來在這裡！我找了好久！」這是在整理時常會

發生的感嘆。

雖然有些人會以家中小孩會妨礙整理工作等理由，認為「東西要全部取出來重新整理，真是太強人所難了！」但孩子不是無法整理的理由。就阿德勒心理學的想法來看，這些人是因為不想整理，才會把孩子當成推託的藉口。

而且對大人來說，光想到要將東西全都搬出來就覺得一個頭兩個大，但這卻是充滿好奇心的孩子最喜歡做的事情。父母在整理時，可以先請孩子把一個抽屜裡的東西全部拿出來，再由爸媽親自分類、減量。而在父母收納的同時，還可以請孩子再把另一個抽屜裡的東西拿出來。

我也用過這個方法請孩子幫忙。他們從小就耳濡目染，也和我一起整理，而且大家一起同心協力進行，完成的速度比我獨自整理還快上兩倍！

所有的物品清空後，接下來要做的就是分類，不過分類方式並沒有絕對的規則。

雖然常有人問我：「我家應該用什麼樣的分類方式比較好呢？」但我覺得，物品的分類方式就像阿德勒心理學的認知論所說的，會隨著每個人所賦予的意義而改變。所以，只要根據你的價值觀、你的整理地圖，然後使用自己專屬的分類法即可。

以藥品為例，經常使用常備藥品的家庭，或許根據每個人服用的不同藥物種類進行分類會比較輕鬆。但像我家這種久久才用一次藥的家庭，無論是OK繃還是胃腸藥，就可以將之全都歸類為「醫療用品」。

又或者，有些文件的整理實在是很棘手，這時也可以將其歸類為「無法分類的文件」。

很多時候，家人也無法理解我們分類的邏輯。所以我覺得和家人同住的人，必須試著和對方一起思考他的分類方式，就像我之前提到殺蟲劑的例子。

分類完成之後，再誠實面對自己感到「舒服」與「不舒服」的情緒，藉此決定要把物品「留下」或「丟棄」，進而讓物品減量。

不需要一口氣整理所有空間，從小地方慢慢進行更容易成功

誠如上述，在整理之前，要先把東西全部拿出來，但是**不需要一口氣就整理完所有的地方**。即使只整理一個餐具櫃，要把裡面的餐具全部取出分類，也是挺累人的。所以你可以配合自己當天的時間，從能在短時間內完成的部分開始進行。

如果可以的話，**請從小地方著手，因為這是避免讓自己愈整理愈焦躁的秘訣**。

花費較少時間活動的地方，或狹小的空間，譬如廁所、盥洗室、玄關等，因為我們在這些地方會從事進行的日常活動，大致都已經固定了，所以更容易「想像」在空間裡會做的事，就算把物品全部拿出來，數量也不會太多，不但

容易進行分類，也能立刻就看見成果。

舉例來說，某位獨居女性也是先整理讓她每天看了就很煩的化妝室置物架，因為這是最容易想像「要變成什麼樣子」的地方。等她付諸行動後，不僅置物架整理好了，連帶使整間屋子的整理工作也能很順利進行。

像這樣，先把浴巾、毛巾、化妝品、沐浴用品、掃具……等收拾整齊，能讓自己隨視覺的清爽而使心情變好。當面對長年以來一直是煩惱根源的空間或物品，甚至認為「整個屋子都充滿『焦躁點』，不知該從何整理起」時，也能自然湧現整理的意願與鬥志，告訴自己：「好，我要整理了！」

我們的身心是彼此攸戚相關的，所以在心理上若能產生積極的動力與十足的勇氣，身體自然也會願意起身力行，而不需勉強自己。對於這點，我的委託人都有深切的體認。

總之，順利進行所有整理的重點就只有這三項——將物品全部取出、分類，而後減量。而且，這時候還不需要考慮「收納」的問題。

雖然只是微不足道的小事，也要鼓勵自己：「做得好！」

翻開整理書，你會發現有些作者會告訴你要一鼓作氣，一次就全部整理完畢比較好。我當然很清楚作者認為「拖久了會疲乏，反而永遠整理不完」的想法，但我覺得，想要在工作繁忙或家事纏身時一舉完成收納整理，難度實在是太高了。

我完全贊同應該沒有比「一口氣整理完畢」這件事更令人覺得爽快的了。但是我做不到。我認為，愈是沒辦法在短時間內徹底完全整理完畢，就愈會自責、焦慮，導致心情沮喪。

阿德勒曾說：「目標太高會打擊勇氣。」如果一開始就把目標設定過高，

即使想要勇往直前也會受挫，因為這只是愚勇。

雖然東西凌亂會令人覺得很不舒服，但如果對「自己可以整理好」這件事沒有自信，就應該暫緩行動。如果只因為無法達成一般人設定的理想目標，就懷憂喪志，那就太遺憾了。所以，曾經因為整理失敗而備受打擊的人，千萬不要試圖一鼓作氣把屋子整理好。

舉例來說，雖然衣物堆積如山的衣櫃讓人看了就心煩，但要全部整理好也得花費相當的時間，也要有足夠的動力。如果實在提不起勁，就先將此事擱在一邊，不整理也沒關係，因為不想整理代表你心中還未形成具體的「想像」。

即便勉強自己把所有衣物從衣櫃裡拿出來，也只會感到茫然無措，不知道該從何處整理起。待回過神來，才發現自己過了一、兩個小時依然一事無成，只有變得更凌亂，最後只好又把所有衣物亂七八糟地全都塞回原處。我想很多人都有這種痛苦的經驗，所以與其勉強自己去整理，還不如等到真正想整理的時候再動手。

一天只整理一個地方也無所謂，而且在發現令你覺得不舒服、煩躁或不方便之處時，再慢慢整理即可。只要稍微改善了一點，就要告訴自己「你做得很好」，這是避免整理失敗或受挫的訣竅。

發現、處理、給予勇氣。

我自己在剛開始實行阿德勒勇氣整理術時，也只一心一意地持續做這三件事。

舉例來說，我家的毛巾，以前是擺在從洗澡的地方伸長手也拿不到的位置，但我發現拿不到毛巾會讓自己覺得煩躁，所以便改變毛巾的位置。現在身體濕濕的時候，只要一伸手就能拿到毛巾，我真是超厲害的呢！

我真的都只是一直在做像這樣微不足道的小事而已。但是過了大約兩個月後，我才意識到，我已經把家裡整理成對自己與家人來說，都能感受到「舒服」的空間了。

我明明不曾試圖一口氣就把東西全丟掉，或是狠下心來把多餘的物品處分掉，但桌上自然不會再放置多餘的雜物，家中的物品也變少了。

廚房不再擺滿瓶瓶罐罐的調味料，變得清爽又具有機能性，不僅打掃起來變簡單，做菜的時間也逐漸縮短。這就是因為以前我都想要一口氣將過期或不用的物品全部丟掉並整理乾淨，才會覺得焦躁、沮喪。所以，如果整理的目標是把空間變得更舒適、更具機能性，我還是不建議「一口氣整理完畢」。

透過「尋找同伴」的遊戲，了解物品的重要性

整理，其實就是「尋找同伴的遊戲」。

分類最大的作用，就是讓你以自己的方式，將這些物品依照使用的目的分組。譬如：客廳用品、廚房用品、日用品、工作用具、服飾、沐浴用品、兒童用品、旅行用品、休閒用品、季節用品……等等。至於不需要的物品，則可以分在「垃圾類」。

結果會發生什麼事呢？你是不是立即就認清自己的價值觀，理解自己是如何看待這些物品的呢？

而且，分類方式真的是因人而異。

我經常在演講等場合帶領學員玩下面這種尋找同伴的遊戲，截至目前為止，我從來沒有遇過分類方式完全相同的人。

舉例來說，我家是把化妝品試用包歸類為「旅行用品」，因為只會在旅行的時候使用。但是有些人會把化妝品試用包歸類為「洗臉用品」，當然也有人將其歸在「服飾類」，或者也有人覺得試用包是不需要的物品，所以歸在「垃圾類」。這所有的分類方式全都很好，**透過分類的過程，也能了解這些物品對你的意義**。如果許多人一起進行這個遊戲，既能理解每個人的認知方式各有不同，也會有意想不到的發現。

又例如，在某次講座中，有人把「毛巾」歸類為「廚房用品」。在此之前，我一直認為毛巾屬於「洗臉用品」，所以這樣的分類方式真是讓我大開眼界，但同時也讓我發覺在廚房時確實會使用到毛巾，所以從此我也給了廚房用毛巾一個固定的擺放位置。

這種「尋找同伴的遊戲」還有另一個優點，那就是讓我們能體會到，物品是構成我們生活的重要元素，而不是「不好的東西」。

無論我們多想奉行將生活物品減至最低限度的「極簡主義」，日常生活中還是需要這麼多物品。也沒有人會把所有的物品都歸為「垃圾類」，因為沒有物品我們就無法過生活。

留下捨不得丟的東西，會讓你覺得「舒服」還是「不舒服」？

因為空間凌亂而感到煩惱的人，很多都是在「整理」這件事上卡關。就我輔導過數百個個案的經驗來看，這樣的人大約占了七成。

有些人覺得得把東西清空才能整理是件很麻煩的事，有些人不知該從何處著手而遲遲無法進行，也有人是因為做了太細的分類而煩惱。此外還有一種人，那就是「無法將物品減量的人」。

即使不特別進行蒐藏，生活中的物品還是會在不知不覺中增加。有天你會突然發覺，衣櫃已經變得亂七八糟，桌子、沙發、廚房的流理台也堆滿雜物，所以打掃起來很辛苦。

我過去也是如此。

我想對女性來說，面對整理，最大的挑戰應該就是衣櫃了。有些衣服雖然已經不再穿了，卻還是想要保留下來。請你伸手觸摸感受一下，這些早已束之高閣、被冰封多年的衣服，給自己的感覺是「舒服」還是「不舒服」。如果是「舒服」的，即使不會再穿也可以留著。

我就保留了大學時代全班一起製作、印著班級編號的班服。我從未穿過這件班服出門，但這件班服讓我感受到與當時夥伴的相互支持鼓勵，也回憶起初次離家獨立的人生挑戰，對我來說是感覺「舒服」的物品。

雖然我是個念舊的人，但整體來說，我的物品還是會自然減少。

我在諮詢時常會聽到委託人說「雖然可能不會再用到，但實在捨不得丟掉」，但其實真正打從心底覺得可惜的卻只有少數。如果用阿德勒心理學的話解釋，把「很可惜」掛在嘴邊的人，只是想向周遭的人展現「我很愛惜物品」，並且把「可惜」當成不整理的藉口而已。

我希望這樣的人可以發現，當你覺得「用不到的物品丟掉會很可惜」時，代表你心裡的OS其實是：**「我已經可以從這個物品畢業了。」**你真的不需要再自我欺騙了。

而且，這種「捨的整理術」，效果也超乎預期。空間會變得非常舒適、具有機能性，又適合自己。在整理時既不會感到煩躁，也完全不會出現「哭哭啼啼」、「狠下心來豁出去」或「需要鼓起勇氣才能做到」等情緒。對於喜歡的東西，能珍惜地長久使用；已經不再心動的物品，也能毅然丟棄。

如果想要順利減少物品，避免煩躁，最大的訣竅還是傾聽自己最真實的心情。認清不想要、不合適的物品，已經不能給你帶來快樂，就果斷捨棄吧。但如果「不想丟掉」是自己的真實情緒，就先好好珍惜它吧！

此外，我還想釐清一個觀念。真正的整理，不是只想著「丟東西」。整理

的重點不在於「該不該丟」，而是你「為什麼想留」。根據自己舒服或不舒服的情緒，將東西擺放整齊，並減少不需要的物品，這些原則當然都很重要；但更重要的是，不要壓抑自己感性的一面，讓身邊都圍繞著最適合自己的「舒服物品」，並學會與珍貴的物品好好相處。

與其光想著丟東西，不如思考「該保留哪些物品？」、「該如何與這些物品舒適、和平地共同生活？」如果能夠把第二個步驟「整理」做到這個地步，就已經無懈可擊了。

接下來也請更加愉快地進行第三個步驟——「收納」吧！

在進入第三步的「收納」前，先別急著買收納用品

你在整理的階段，已經根據自己的想像，將必要的物品分類、減量了，接著也思考該如何在生活中與物品好好相處。在這些階段都完成後，才開始進入「收納」的步驟。

但是，因為屋子亂七八糟而煩惱的人，多半都想跳過「整理」，直接挑戰「收納」。**一旦有這樣的想法，就會覺得必須購買收納用品才行**，於是到居家用品店或三十九元商店，買回許多不需要的商品，**結果反而讓雜物堆積更多**。

至今為止，我也看過許多人家中堆了用不到的塑膠整理箱或籐籃，但這時候其實還不需使用收納用品。所以，請你在購買前先等一等。

你這時已經透過第二個步驟「整理」，了解目前收納空間的大小；然後也誠實面對自己舒服與不舒服的情緒，盡可能將物品減量。接下來，請決定整理好的物品的固定擺放位置，並思考收納方法。

東西該擺哪裡？把用得到的物品，擺在用得到的地方！

進入收納階段後，就要把東西「就定位」。只要有固定的位置，以後尋找時就不會那麼辛苦。這時候的重點是：「把用得到的物品，擺在用得到的地方！」

請根據你在第一個步驟做出的「想像行動」，也就是勾勒出的「整理地圖」，思考該把什麼東西放在哪裡。如果這時發現收納用品或家具不敷使用，再根據擺放的位置，購買尺寸符合的用品。

然而購買之前，首先應該思考的不是「該如何收納」，而是「該放在哪裡」，這是避免收納失敗的最大重點。

很多前來找我諮詢的人，優先思考的都不是「擺放的位置」，而是「該買什麼樣的收納用具」，這真是令人意想不到的盲點，也會讓家裡愈收愈亂。

有些人覺得雜誌介紹的收納用品看起來很方便，而一時衝動地購買，但因為不適合原本預計要擺放的場所，所以用起來不順手，反而讓屋子變得更難整理；或是在家裡四處尋找空間，看這個礙眼的物品是不是可以挪移至他處擺放。

又或者是在收納的時候，猶如俄羅斯娃娃般，只是把放得下的物品裝進收納用品裡，然後再擺到放得下這個收納用品的地方。但這些都是本末倒置的做法。

所以，在購買收納家具或收納用品之前，應該先決定物品擺放的位置，告訴自己：「我想把這個東西放在這個地方」，接著才開始思考「用什麼樣的收納方法比較適合呢？」之後再添購需要的家具與用品。

以客廳為例，進行收納工作之前就應該坐在客廳的桌子前仔細思考：「我想在這裡做什麼呢？」你是想坐在桌子前面寫點東西，還是喝喝下午茶？

想要寫作或塗鴉的人，可以把筆與筆記本放在客廳桌几旁；想要享用下午茶的人，則可以在此擺放杯子。如果沒有適合的收納用具，這時再添購即可。

「我想在這個空間裡做什麼？」在這個幸福的想像中，就隱藏著你的理想生活，以及讓你感覺舒適的收納答案。

「反正就是會亂七八糟！」不想面對失敗，所以用自暴自棄保護自己

有些人不太相信自己的判斷，他們無法確定自己決定的位置是「好」還是「不好」，自己的感受是「舒服」還是「不舒服」。

或許是因為這個緣故，我經常從委託人口中聽到這三句話：「好像」、「反正」、「隨便」。

- 「**好像**應該放在這裡比較對。」
- 「**反正**擺在這裡就好了。」
- 「東西是**隨便**放的，還沒決定位置。」

「反正我的決定一定會失敗」、「反正就是會亂七八糟」、「我自己也搞不清楚」，我覺得自己隱約可以窺見他們藏在話語背後這樣的想法。

用阿德勒心理學來解釋，或許是他們不想面對自己的失敗，才故意透過自暴自棄、沒有自信來保護自己。

我會在第六個步驟詳細提到，**物品擺放的位置不會是永久的，有一天也會改變**。既然如此，現在你要不要先試著告訴自己：「我決定要放在這裡」呢？雖然會心生「可能會失敗」的擔憂也是理所當然的事，但請你先自我鼓勵：「我已經盡我現在最大的努力了！」同時在給予自己勇氣的同時，也試著面對整理的挑戰，做出決定。

如果這次決定好的位置不方便拿取，之後再換個位置就好了。成功的反面不是失敗，而是放棄繼續學習。只要能從失敗中記取教訓，就可以從失敗的恐懼中解脫。

衣架放在廚房流理台下方！我家收納與眾不同的秘密

當學員參加我在自家舉辦的講座時，不僅驚訝於我家東西數量之少，也經常對與眾不同的收納想法感到驚奇。

舉例來說，我在廚房流理台下放菜刀的地方，擺放有伸縮式曬衣架。因為廚房是我家最靠近陽台的地方，當我要把成堆洗好的衣服拿到陽台晾曬時，如果廚房放有衣架備用，對我來說就是最方便、最「舒服」的狀態。

此外，我家餐具櫃最下方的抽屜也放著布偶。我每次一打開抽屜，總會讓旁觀的人笑出來。會這樣做，是因為孩子小時候，每到我準備晚餐的時間，總會纏著我，「媽媽、媽媽」地喊個不停。不管我要她們自己玩耍，或是試著使盡各種招術都完全沒效，只會讓她們更吵鬧、更黏我而已。

某天，我做出這樣的提議：「我知道了，妳們想待在媽媽身邊吧？但是媽媽得在這裡煮飯，所以妳們就打開這個抽屜，用裡面的布偶玩遊戲，可以嗎？」達成共識後，我把餐具櫃的其中一個抽屜，當成孩子放布偶與玩具的固定位置。這麼做之後，就解決了孩子依賴又黏人的問題。這種布偶收納方式無論對我或對孩子來說，都既方便又舒適。

所以，我也會建議來找我諮詢的人，無須一味按照別人的收納方式，或主流的收納法，而是要根據自己的生活習慣，找出最適合自己的收納位置。

我參與整理工作的家庭中，有人覺得把孩子的藥品放在廚房後變得更方便了；有的家庭則覺得把水桶放在玄關時用起來很順手；甚至還有家庭把走廊盡頭未利用的空間，改造成媽媽的更衣室。

對你來說理所當然的空間使用法，對我來說未必也是如此。所以透過全家人一起腦力激盪，就能發現更舒適、有時甚至會讓人倍感驚喜的全新收納處。

再舉個例子。有個家庭在搬家後，發現廚具櫃對新廚房來說太大了，放不進去。我靈機一動，建議客戶可以把它放在客廳使用。於是，我們試著根據對這個家庭來說方便與舒適的用法，把原本應該是用來放電鍋的伸縮置物架，當成孩子的書架使用。於是「廚具櫃」就搖身一變，成為一個很棒的「客廳櫃」了。這麼一來，既不需要傷腦筋處理尺寸不合的櫥櫃，也不需要再花一筆錢添購新的收納家具。

決定物品擺放的位置就像這樣，沒有「非這麼做不可」的規定，只要以自己為主角，自由設想出合適又舒適的方式即可。而這也呼應了我之前所說的收納準則：把用得到的東西，擺在用得到的地方。

三種收納方式，三個收納重點，解決亂七八糟的空間與心情

多數人共同的整理困擾，說穿了，就是東西太多，無法好好收納。而且，就算東西就定位後，也可能沒有適合的收納用品，或是物品本身就難以收納。

像是衣物的收納就常造成許多人的困擾。此外，家電產品說明書、名片、文件資料、照片與雜誌等難以言盡的各種小東西，也經常一不小心就散落各處，讓空間看起來非常凌亂，住在裡面，心情也跟鬱悶起來。我非常能理解這種焦躁的心情。

但是請放心，這些問題都是可以解決的。乍看之下永遠找不到出口的收納迷宮，其實只有下面三種模式。

- 抽屜式收納
- 層架式收納
- 吊掛式收納

只要從這三種模式中挑選任何一種，無論是衣服、文件資料，或是使用說明書，都可以收納得清爽整齊，而且訣竅只有三點：

- 抽屜式收納要將衣服統一摺成符合抽屜高度的長方形，直立擺放，並讓衣服的圖案露出。
- 層架式收納要能調整層架高度、增加層數，而且要前低後高。
- 吊掛式收納不要都掛在同一個鉤子上，每件衣服都要使用個別的衣架。

以衣服收納為例，請想想哪種方式最適合你，再從中選一種。而且，理論上並沒有哪種方式是絕對正確的。

像是：衣服摺起來擺在層架上，像店內陳列一樣比較方便，還是要吊起來比較好呢？其實，每一種方式都是ＯＫ的。

只要能讓你覺得舒服，就是正確的方式。收納方式呈現的不只是收納者理想的生活樣貌，也如同我在上一章認知論所提到的，也能展現出收納者的價值觀與生活型態，並反映出他對於「舒適」的感受及看法。有些家庭，就連夫妻都採用各自不同的方式收納衣服。

不過，事先了解這三種收納方式的優缺點，能幫助我們更容易做出適合自己的選擇。

舉例來說，**把衣服吊掛起來就不用花時間摺疊**，這樣做比較輕鬆，但是**需要較大的空間與較多的衣架**。

至於抽屜式收納，雖然還要花時間摺衣服是挺費工夫的，但**摺疊後的衣物，大小約只有原先的十分之一**。所以家中空間不大的人，**採用抽屜收納的方式可以容納比較多衣服**。

此外，如果像店內陳列一樣採用層架收納，雖然看起來美觀又時尚，但必須把衣服摺得比利用抽屜收納時更漂亮才行。

像這樣，先根據理性的判斷，從三種方式中選擇一種對自己比較方便的方式，接著再透過感性確認這種方式適不適合自己，就能拍板定案。

只是，這時你還是必須誠實面對自己舒服或不舒服的情緒，才能做出最後的決定。

洗好的衣服由左往右放，挑選穿著的衣服從右往左拿

無論是衣物收納是用抽屜、層架或吊掛，雖然方式好壞見仁見智，沒有標準答案，但如果想讓衣櫃中的衣服能順利輪流替換，不會經常重覆，每件都能穿到，在衣服洗淨歸位時，也請試著在收納位置上下點工夫。

以我家的情況為例，對於洗好的衣服放哪裡，我有個原則，**就是無論採取何種收納法，乾淨的衣服一律都由左往右放。而且在每天外出前，我會盡可能從右邊開始挑選當天要穿的衣服。**

如此一來，衣服在衣櫃中的位置自然會不斷輪替，不再發生「塞在衣櫃深處的這件衣服我明明很喜歡，卻擺到忘記了！」的情況。

此外，因為洗好的衣服總是收在左側，所以不太穿的衣服自然會集中到右側，當我們發現衣櫃太擠時，收納與擺放的位置自然能成為淘汰舊衣物的依據，非常方便。即使是捨不得丟東西的人，看到這樣的狀況也能夠理解並接受「啊！衣服真的太多了」的事實。

如果這樣，衣櫃中的衣服還是無法順暢輪替，那麼不是衣櫃裡塞了超過收納量的衣服，就是使用了深度太深的收納櫃。

如果是層架收納，則可以規定自己要由下往上擺放，並且由上往下挑選。

各位或許會覺得這些是大家都知道的基本常識，但要避免物品囤積，卻是出乎意料地鮮少人知的簡單訣竅。

而且這些收納的小技巧除了運用在衣服之外，還可以擴及至每天使用的手帕、襪子等小東西，或是毛巾、唱片、書籍等的收納上。

不要把東西堆放在地上，是清爽收納的重點

除了我上述提過的三種收納模式外，其實很多人還會選擇另一種收納方式，而這也成為空間總是無法收拾整齊的原因。這個方式就是「堆在地上」。如果選擇的不是以抽屜、吊掛或層架方式收納，而是把成箱成袋的物品堆放在地，這些物品無論如何都會映入眼簾，干擾視覺。

有趣的是，前來委託我進行整理工作的客戶，都經常使用袋子收納。他們會暫時將這些文件或小東西分門別類裝起來，避免與其他東西混在一起，但是裝好之後就直接擺在地上，並且以擺放位置為據點逐漸堆積，及至東西愈來愈多。

相信很多人都有這樣的經驗吧？

當我們看到這些與地板完全融為一體的物品時，即使表面上看起來是若無其事地從旁經過，但「看見」後所帶來的結果，還是會或多或少讓我們浮現一些想法，譬如：「唉，這裡有放東西……」、「還沒整理好啊！」，或是「原來這個我還沒丟掉啊！」等等，每看到一次就會想一次，導致我們的心情總是既焦躁又煩亂。而且，一旦放在地上的東西變多，不但每次經過這些物品旁都得繞道而行，也會讓人覺得屋子很擁擠，打掃起來更是辛苦。

據說人類一天會思考五萬至七萬次，如果三不五時就被「這裡有還沒整理完的東西」或「這裡有要丟的東西」這類的煩心事佔據，不是很浪費寶貴的時間嗎？所以**除了孩子的玩具整理箱之外，我並不推薦「堆在地上的收納法」**。

如果實在無處可放，無論如何都只能堆在地上，那麼就請你再度回到第二個步驟——整理，將物品減量，或是思考如何在收納用品或家具上下工夫。

舉例來說，有小孩的家庭，玄關會經常有足球等球類滾來滾去，此時就可以考慮另外添購適當的收納用具。比如購買三十九元商店販賣的不織布收納箱，把球放進箱子裡，再把收納箱放進玄關的鞋櫃中，以類似「抽屜式收納」的方式為足球找到安身之處；或是也可以將足球放進網子裡吊起來，變成「吊掛式收納」。

此外，市面上也有類似層架式收納概念的分層吊掛收納商品，能掛在櫃門上。你也可以從三種收納法中挑選複合式的方式，不需只侷限於一種形式，或許就能發現將物品擺放在固定位置的新方法。這麼一來，既不會再購買完全用不到的收納家具，避免不必要的金錢浪費。

話雖如此，有時收納家具也是必需品。

舉例來說，曾有一位剛搬家的委託人前來找我諮詢。他的全部家當只要三個紙箱就裝得下，但卻一直整理不好。

「明明只有三箱而已，為什麼呢？」我懷著這樣的疑惑，前往他家拜訪，結果發現他家完全沒有收納家具。他的物品雖然少，卻全部堆在地上，所以變成雜亂無章的狀態。

不過，只要根據上述收納的三種模式選擇收納家具，把堆在地上的物品收拾好，就能解決他的問題。

我以前曾在某本書上看過這樣一句話：「寬敞的地面就是富足的象徵，所以飯店的地板上都沒有擺任何東西。」當時我頓覺茅塞頓開，心生「原來如此」的恍然大悟。因此我的整理術必定奉行「地面淨空」原則，只要解放地面空間，住家就會看起來整齊又清爽。

不適合自己的整理方式，當然會恢復原狀，再度變亂

客戶最常來找我談的煩惱，就是「恢復原狀」。

好不容易將屋子收拾整齊了，結果卻維持不到一個月。還有人甚至一個禮拜就變回原本亂七八糟的樣子，這種重回原點的整理結果當然讓人沮喪。

許多人都努力嘗試過各種避免會再度變亂的方法，但成效不彰。這其實都是因為沒有誠實面對自己會覺得舒服或不舒服的情緒，以及沒有採取「適合自己的整理方式」所造成的。

但是，適合自己的整理方式，到底又是什麼樣子呢？

我在把阿德勒心理學融入整理術之前，也完全無法想像。當時我只會翻開

整理書或室內設計雜誌，仿照上面的方法，努力整理出如同樣品屋一般整齊清爽的屋子。我一直以為這就是最理想的居住空間，卻沒發現這裡面沒有「自己的風格」。

這樣的屋子完全不適合自己的生活型態，雖然很美，但卻不讓人心動，所以不管整理得多整齊，物品使用起來都不會順手，待在裡面也不舒服。而且，生活不可能處於零雜物的狀態，這樣的空間當然很快就會變髒變亂。

仔細一想，這其實是理所當然的事情。一再復亂的惡性循環並不是你的錯，也不是因為你懶散，只是因為你一直都不知道究竟什麼樣的整理方式才適合自己。

哪些東西該丟或該留？想用什麼樣的收納方法？這些全都由自己決定即可。雖然你可以參考書上整理達人的絕招或巧思，但如果完全照單全收，反而會導致反效果。

就像你是自己命運的主人般，你也是自己屋子獨一無二的主人。不論是物品的擺放位置或收納方式，全都可以依照自己的喜好自由安排。只要依循這樣的思維邏輯著手整理，就不會再度變亂，而且東西也能夠愈用愈順手，空間愈待愈舒服。

譬如我在前面提過，我家廚房流理台下方擺的不是菜刀或鍋子，而是晾衣服用的伸縮式衣架，這就是「適合自己的收納方式」的例子，所以至少我從不曾因為衣架無處收納這件事而感到挫折。

如果還不知道決定好的位置與收納法是否適合自己，或是物品拿出來之後無法妥善收好，就代表物品正在對你傳遞「請你再用不同的收納方式試試看！」的訊息。

想像、整理、收納，以行前準備的愉快心情進行吧！

阿德勒勇氣整理術有六個最佳步驟，在這個章節說明的，是想像、整理、收納這前三個步驟。

進一步解釋，就是想像自己的理想生活、只留下符合夢想的「舒服物品」，並且將這些物品收納好，讓自己與家人方便取出及使用。

這樣的步驟，其實就像旅行前的準備。你想去某個地方旅行之前，是否也是先從決定自己想採取的「行動」開始呢？例如，假若想看極光，就必須前往寒冷的地方；如果想在大海裡游泳，就必須前往可以游泳的地方。

又如果決定了「要去游泳」，就可以規劃具體的行程，譬如去哪裡？何時去？怎麼去？跟誰去？該帶什麼東西去？……等等。所以，「想像」就如同旅行前的行程規劃。

透過「整理」留下必要的物品，則像是挑選帶去的行李。至於將物品擺在固定位置以方便取出的「收納」，就如同打包行李。

只要確實做好步驟一至三，剩下的收拾、打掃、重新檢視這三個步驟，就真的會變得很輕鬆。

以我自己為例。我在日常生活中，完全不需要花時間思考手邊的筆「要放哪裡？」、「我需要它嗎？還是不需要它呢？」我看到筆的時候，只要想：「喔，有枝筆，那就放在平常的位置吧！」收納的問題就解決了。

麻煩的文件、名片、衣服也完全相同，只要想「喔，這個啊，就收在平常的地方吧！」

日常接到的廣告傳單也是同樣的處理方式。我會先確認這張傳單是「需要」還是「不需要」，給我的感覺是「舒服」還是「不舒服」，如果不需要就馬上丟掉，需要的話，就隨手放在固定的位置。

我每天的「收拾」就像這樣，大概每次只要花一至兩分鐘。

就絕大多數的整理書而言，整理到此為止就可喜可賀地結束了！但阿德勒整理術不是只有這樣，後面的部分才是精華。

雖然說是精華，但實行起來其實非常簡單。這個方法最適合覺得自己懶惰、也很討厭打掃的人。

就算偷懶，也能進行愉快、不焦躁的整理，並且變得愈來愈喜歡自己，人生也能過得愈來愈積極。我就是最佳的見證者。

所以請你帶著輕鬆愉快的心情，和我一起進入接下來的步驟吧！

Chapter 3

利用收拾、打掃、重新檢視，讓你家更舒適！

第四步：設定空間歸零的時間，讓所有東西一次物歸原處

對於「收拾」的定義與解釋是因人而異的。

翻開整理書或雜誌的收納特輯，會看到有些作者是將「收拾」與「打掃」合併做說明，也有些人是將「收拾」與「收納」都當成「整理」的一部分。

這些琳瑯滿目卻眾說紛紜的資訊，很容易讓人無所適從。但我所傳授的「收拾」，只需要做一件事，那就是：**東西用完就放回原處！**

在收拾的時候，只要專心致意養成「用完就放回原處、用完就放回原處」的習慣即可。若能做到這點，當天所有的整理工作都能輕鬆解決。

此外，**收拾的時候也「不需要」一併打掃；甚至應該說，「不要」一併打**

掃比較好。

很多來找我諮商的人，過去也是邊收拾邊打掃，如果這麼做，會需要四處走動。但事實上，步驟切割得愈瑣碎，打掃的效率就會愈差。

各位只要稍微想像一下，應該就能立刻想通這個道理。如果邊收拾邊打掃，就必須一邊拿著吸塵器或抹布，一邊把取出來的物品移來移去，才剛打開吸塵器清潔，就馬上撞到堆積如山的雜誌……這麼做當然會比只用吸塵器吸、或只用抹布擦拭多出許多不必要的動作，所以收拾或打掃就會變得很累、很討厭。

在這種情況下，我們會變得愈來愈害怕收拾與打掃，覺得不會打掃的自己「很沒路用」。這麼一來，原本為了打造舒服的環境，以及讓自己變得喜歡自己的整理時間，也會變成自我否定與自我批判的時刻，這實在是太可惜了。

所以，日後請你將收拾與打掃徹底分家，不要同時進行。

以我自己為例，我是固定將收拾的時間集中在晚上睡覺前。我會在睡前將當天使用過、尚未歸位的東西，不假思索憑直覺就放回原處。不管當天家裡有多凌亂，收拾完畢也只需要五到十分鐘。如果除了放回原位之外，還能將整體外觀維持得整齊一點，那就更完美了。這樣，就能完成一天的「歸零（收拾）」。

有些人在東西用完之後就能立刻物歸原位，這些人當然就不需要特別訂出「歸零時間」。但是，在忙碌的生活中，如果太在意用完後就得馬上物歸原處，這樣反而會造成壓力吧？尤其對於家中有小孩的人來說，這簡直就像打地鼠一樣，愈急就會愈做不到。我認為讓孩子在一定程度內亂丟玩具、盡情玩耍，對他們的身心發展也很重要。

如果你能夠將每天讓自己覺得最輕鬆的整理時段固定下來，不論是晚上睡覺前、晚餐前或是早餐後都可以。一旦決定「這十分鐘是整理時間」，就能從「隨時都得維持整齊」的備戰狀態中解放，不用一整天都記掛著「得馬上整理才行」，因為「晚一點再整理就好了」。

永遠保持整齊的屋子並不自然，即使弄得亂七八糟也沒關係，之後再整理更無所謂。我希望大家在生活中都能抱著這樣的心情看待整理。

如果無法每天空出歸零時間，當然也可以集中到周末假日再進行。雖然這麼一來就無法在短短的五到十分鐘內完成，但即使每次的收拾時間變長，只要這個方法對你來說沒有壓力，就能一直持續下去。**整理這件事貴在持之以恆，而非速效。**

但如果能做好「想像」、「整理」、「收納」這三個步驟，即使每天都設定一段收拾的歸零時間，應該也不會造成太大的壓力吧！

以獨居的人為例，無論是多麼怕麻煩、不擅長收拾的人，只要邊哼著歌邊收拾，應該不到五分鐘就能做完。我自己就有親身經驗。

我家原本也是因為空間雜亂而煩惱的四口之家，但現在只要對全家人說：「鏘鏘鏘，歸零時間到了喔！」大家一起整理，大概不到十分鐘，就能輕鬆愉快地整理完畢。

如果因為屋子太亂，收拾太花時間而覺得很辛苦，就表示你又發現了一個焦躁點。這時候請回到第二個步驟「整理」，試著嚴格篩選該留下的物品。

全家齊心協力也是整理的重點！關於家人可能造成的阻礙與困擾，將在第五章詳細說明。

第五步：找出你的「打掃黃金時段」，一天只需要整理一次

我家的「收拾」時間是晚上睡覺前；至於「打掃」時間，則是在早晨老公和孩子都還沒起床、家裡也沒有人活動的時候。家裡已經收拾好，東西還沒有拿出來、也沒有任何人活動的早晨時段只屬於自己，這正是「打掃」的黃金時段。

自從做了這個決定之後，我的打掃時間就逐漸縮短，而且輕鬆到讓我覺得「怎麼會這麼輕鬆呢？」我甚至在打掃時還能一邊哼著歌，心情十分悠閒。

在此我稍微把話題拉回上一篇文章中提到的收拾時段，也就是歸零時段。我覺得一天大約會有四個歸零時段，分別是：

一、一大早家人都還沒醒來，只有自己起床的時候。

二、孩子去幼稚園或學校、老公上班之後，大約八至九點左右。

三、晚餐前。

四、晚上睡覺前。

我也會建議客戶，只要從這四個歸零時段中，挑選一個時段將房間歸零即可。

但是，在第一與第二個時段只能自己獨自收拾，這樣做會有點辛苦，所以我建議盡可能挑選全家人都在的時候，大家一起幫忙歸零。

曾有人因為忙到沒時間摺衣服，對家裡堆積如山的衣物十分苦惱，因而前來諮詢。**我建議他將第三個「晚餐前」的時段設定為摺衣服的時間。**因為如果想要習慣「新的行動」（摺衣服），將之和「已經習慣的行動」（吃晚餐）配套進行會最有效。這個人原本對堆積如山的衣服束手無策，最後他卻成功培養出新的習慣，終於能夠騰出時間摺衣服了。

如果家裡有小孩子，又或是自律甚嚴、認為家裡必須隨時保持整潔的人，可能會在一天裡收拾及打掃多達五、六次。這樣就做得有點過頭了，光是收拾、打掃一次就已經很累人了吧？而且如果總是處於被整理與打掃追著跑的生活中，虛度了人生寶貴的光陰，這樣就太可惜了。**所以一天當中只要選出一個歸零時段即可，打掃也只要一天進行一次就綽綽有餘了。**

如果是獨居的人或雙薪家庭，即使把所有的打掃工作集中在假日一次做完，就已經相當足夠。只有一個人的獨居者，又或是在家時間少的上班族，這些人的家裡多半不會太髒亂，浴室、客廳等較常使用的地方或許難免有點髒，但廚房應該不至於多髒亂不堪吧？所以平日的收拾與打掃，只要處理弄髒弄亂的地方就可以了。這麼做應該就足以保持適合你的舒適空間。

以我家為例。我帶孩子回娘家時，只有老公一個人在家的空間就整潔到令人驚奇。這不是因為我先生有潔癖，而是因為他平日的生活就是外出工作和回家睡覺，所以很多東西都用不到，整理、打掃也花不了多少時間。

每天都會堆積的灰塵，就用除塵撢清除

只要根據前述的步驟一到三，順序進行有系統的收拾，打掃就會變得簡單又省時。只是，灰塵還是會每天堆積。即使不常開窗，又或是密閉空間，只要過一、兩天，家具上就會積了薄薄的一層灰塵。

如果每天都要擦拭家具與櫃子，會是件很麻煩的事。所以我喜歡使用造型類似運動會彩球的除塵撢，每天清除灰塵。

我會在早上剛起床，頭腦還不是很清醒的時候，順時針在家裡繞行一圈，以一種類似在家中散步的方式將灰塵撢落在地。

接著再用乾式拖把，快速將撢落的灰塵與毛髮拖乾淨。光是這麼做，就能確實將粒子較大的灰塵去除，每天灰塵累積的困擾便已解決大半。

拖地時，我會把距離玄關最遠的房間當成起點，然後從起點往玄關方向拖。我的打掃路徑每天都一樣，所以不需要花腦筋思考，即使處於剛睡醒的寤寐狀態也沒關係，這樣也可以為尚未清醒的大腦暖機。

附帶一提，我使用的是單手就能輕鬆拿著的小型除塵撢，在居家用品店或網路商店都買得到。**我開始採用這個方法後，只要兩到三天再用吸塵器把灰塵清除乾淨就夠了。**

勤勞的人或許會驚訝道：「怎麼這麼偷懶！」但事實上，用這種方法打掃，會遠比強迫自己「收拾與打掃都必須同時徹底進行」時來得更乾淨。我想，這應該還是得歸功於在整理時產生愉快、輕鬆等這些令人舒服的正能量。

我總是建議我的客戶，不需要每天都使用吸塵器，而且這樣的建議也得到許多正面的回饋。譬如，「我把收拾與打掃分開之後，更容易掌握打掃的時機了。」或是「我不需要再每天都用吸塵器，覺得輕鬆多了。」

然而這終究只是我的建議，你當然可以誠實面對讓自己能覺得舒服的情緒，再決定打掃的方法。更進一步來說，如果現在你的屋子對你而言是某種「不舒服」的存在，請你想像「我到底想怎麼做？」」，再根據這樣的想像，從步驟二到步驟五的整理、收納、收拾、打掃這四個項目中，挑選任何你喜歡的處理方式即可。

在此，我再綜合說明一次。

「整理」是讓物品減量、將物品分門別類。

「收納」是決定擺放的位置，讓物品更容易取放。

「收拾」是將用完的物品放回原處。

「打掃」則是去除灰塵與髒污。

讓屋子保持清爽整潔的重點，就是將這四件事情分開思考。

擁有人味與生活感的居家，比保持整潔更重要！

如同我先前所說的，「打掃」的目的是去除灰塵與髒污，將你的屋子變乾淨。但如果太過拘泥於整潔，稍微有點髒亂就受不了，反而失去了生活感和人味。

請你也試著想像一下，如果到朋友家拜訪時，他家打掃得光可鑑人，你是不是連吃餅乾的時候，都害怕餅乾屑掉下去呢？**所以我總是在講座中告訴學員，「請對『亂七八糟』抱持肯定的態度」。**

我在第二個步驟「尋找同伴的遊戲」中也提到，人如果不使用物品就無法過活，而只要使用物品，自然就會變亂。就像無論屋子多乾淨，灰塵還是會每天堆積一樣，這是非常自然的事情。

舉例來說，當你的桌面或你家客廳雜亂無比時的狀況，這一定是你「正在做」某件事情的時候，或者擺在那裡的是幾天前「曾用過」的物品。你為了做某件事情而把必要的物品拿出來，所以桌子或客廳（在你眼中看起來）才會變亂。

換句話說，**亂七八糟就是你積極生活與行動的證明。而且被拿出來的物品，代表你要做某件事，那是能幫助你採取行動的重要工具。**

空間中「乾淨整齊」與「亂七八糟」的狀態交替出現，就像人類的生理節奏會有高有低一樣自然。只要過著正常生活，任何人的居家空間都會產生變化，物品的量也會有所增減。**我們完全不需要強迫自己持續保持一定程度的「整潔」，請容許自己能有小小的混亂。**

你只要順著自己的節奏，在能維持生活舒適的程度上，隨興踩踏出「弄亂→收拾→打掃」的舞步，不需有任何負擔。阿德勒勇氣整理術的步驟一至五，正是降低你因雜亂感到心煩的最佳良方。

享受物品更換變動的樂趣，就是享受生活

雖然每個人對於身邊物品多寡的容許量，以及那條在跨越之後會「變焦躁」或是「變得擔心、不安」的界線都不同，但在一定的範圍內，擁有的物品量總是在不停變動。

舉例來說，冰箱裡的食物就是如此吧？購買食物之後，放進冰箱裡的東西就會變多。如果買太多，囤積在冰箱裡，就會讓人覺得不舒服，所以我們會不斷地使用、消耗。但如果冰箱變空，就可能出現「啊，今天食材不夠，只能做咖哩！」的情形，讓人覺得遺憾，所以又過度採購，讓冰箱物滿為患……。

正如同我先前所說的，感受自己焦躁、不安等真實的情緒非常重要。「焦

躁」表示你覺得「物品太多了，可以再減少一些」；「不安、煩惱」則是你認為「物品有點少，可以再添加一些」。

採取適合自己、讓自己覺得舒服的整理方式，絕對會比強迫自己要將物品保持在一定的量，並試圖維持環境整潔，更能讓自己開心而不焦躁。**「亂七八糟」就代表有人在活動，也是生活的軌跡。**享受你周遭物品在更換變動，就是在享受生活。如果能察覺到這點，就表示你重視自己。這是一件很棒的事情。

所以，當你覺得「啊，東西變多，屋子又變亂了」，並且為此感到煩躁與自責時，請務必想到這些話。

因應生活型態的轉變，進行第六步「重新檢視」

透過想像、整理、收納，確實打造出適合你的絕佳空間系統後，接下來只要反覆進行「收拾、打掃、收拾、打掃、收拾、打掃」，每天的生活就會輕鬆無比，而且空間將清爽地令人吃驚。就像我在前面寫的一樣。

只不過無論整理系統建構得多完美，收拾與打掃執行得多確實，總有一天還是會遇到瓶頸，讓整理工作半途而廢，又或是難度增加，這正是因為你生活型態改變的緣故。但現今的整理書或整理雜誌，卻出乎意料都沒有提到這部分。

舉例來說，女性對於時尚與服裝總是比較敏感，一到生氣蓬勃的春天，就會想立刻脫下厚重的冬衣，改穿粉嫩或明亮色系的衣服，展現被禁錮了一季的活力；但到了秋天，有別於春夏的輕盈感，會自然想穿灰色或大地色系的暗色調衣物。又或者在得知黃色將一反常態主導今年秋冬的流行後，就跟風地想擁有同色系的衣服或包包等物品，而減少穿大地色系的衣服。由此可知，光是對於服裝的喜好這件事，就變化多端。

四季更替除了會改變人的穿著，也會影響人的心情與行為。例如，一到炎熱的夏季，就會想要透過丟東西讓心情變得清爽些；但到了寒冷的時節，則會對物品產生眷戀，或是想要採買萬聖節與聖誕節的節慶雜貨。

此外，興趣或嗜好的改變，也會讓人忍不住想要添購相關的裝備和用品。你是否也有過類似的經驗呢？像是過去雖然有一段時間對戶外活動相當著迷，但最近卻喜歡上攝影，因而購買許多相機周邊產品。

這種「無法整理的時刻」傳遞了某種訊息，提醒你要感受這些變化，並享受更豐富、更自由的人生。

第六個步驟「重新檢視」，就是要幫助你盡快跟上這些變化的腳步，重回原本能夠輕鬆收拾的狀態。如果每隔一段固定時間就檢視你所建構的整理系統，那麼即使發生變化，你也能以最輕鬆的方式順利因應。只是這段時間的長短因人而異。

舉例來說，像是人口多，或是有孩子尚在就學階段的家庭等，必要的物品會隨著人數與孩子成長不斷更替，所以最好大約每隔半年就重新檢視所有的物品。另一方面，單身的人、興趣或生活型態已經固定的人，大約每隔兩、三年檢視一次即可。

另外，是否喜歡購物，也會成為該隔多久重新檢視的參考標準。

舉例來說，如果把逛街購物當成興趣，每季都會採買流行新品，那麼即使是二、三十歲的獨居者，我會建議至少還是每半年就重新檢視。但如果基本上都只會買固定東西的人，即使是生活型態較具變化的年輕世代，我想也只要一年重新檢視一次就夠了。

此外，除了半年度或年度性的定期檢視外，也可以將某個部分的檢視期縮短，只將特定類別的物品做重點式管理。譬如，生活型態並沒有太大變化，只有與工作相關的資料不斷增加，這樣的人除每兩年進行一次全面的重新檢視之外，還可以每隔半年或三個月，在察覺雜物堆積過多時，評估手邊的工作文件該丟還是該留。

前幾天，我也建議某位來找我諮詢的人，每隔一段時間就執行一次重新檢視的工作，結果他非常開心地告訴我：「我一直搞不懂為什麼屋子總是一下子就變得亂七八糟、難以整理，現在這個長年以來的謎題終於解開了。我有救啦！」

當整理遇到瓶頸時，就是重新檢視、再次調整的時機，也是即將邁向更美好未來的契機。

勇氣整理法也要定期更新升級，一回生，二回熟，三回更上手

我想各位讀到這裡，一定都能夠理解，即使進入整理的停滯期，也不代表先前的努力已然白費，一切又將反彈，恢復原狀，而是可以靠著第六個步驟「重新檢視」度過難關。

至於要如何才能發現這種「無法整理的時刻」呢？你可以透過房間「莫名其妙就亂成一團」的狀態察覺，也可以透過自己「不知為何就是心浮氣躁」的心情感知。

那麼具體來說，該如何重新檢視比較好呢？**就是回到第一個步驟「想像」**。

面臨生活型態的改變時，請你誠實面對當下的真實情緒，問自己：「我未

來想要怎麼做？想變成什麼樣子？」藉此想像能讓自己幸福的行動與作為。接著再思考，如果想要實現這種想像，「現在的我可以怎麼做？」再一次透過「整理」與「收納」釐清難題。換句話說，你只要依照改變後的生活型態，重新建立對現在的你來說，最舒適的整理系統。

雖然必須再回頭進行整理的步驟，但還是比初次執行時更輕鬆，也更簡單，因為你已經有過經驗，能駕輕就熟了。當你練習的次數愈多，就能夠愈輕鬆上手，順利整理完畢。

整理的目的，就是希望自己的生活能更舒適、更幸福。既然如此，如果過度努力，不就本末倒置了嗎？對於把整理當成興趣，覺得整理是件愉快到不行的人自然另當別論，但如果你不是這樣的人（我相信大部分的人都不是），請盡可能以輕鬆、偷懶的心態，實踐「省時」的整理法，然後把節省下來的時間用在自己喜歡的事情上，絕對會更幸福。

年度掃除行事曆，讓你省時又減壓

除了定期重複之前所說的六個步驟外，在這裡還要向大家推薦我的獨門整理小撇步，那就是「年度掃除行事曆」。

如果沒有事先決定掃除的時間，總是會忍不住一直惦記著清掃這件事：「啊，那邊要打掃，這邊也得弄乾淨才行。」然而一旦決定了每個月該進行的清潔工作，把它們做成年度行事曆，就不需要考慮再三，猶豫不決。對我這種怕麻煩、盡可能避免大掃除的人來說，年度掃除行事曆真是超有用的密技。

話雖如此，但所謂的行事曆就像一般的行事曆一樣吧？在規劃時要注意許多繁瑣的細節，光想就覺得累……。

別擔心。這麼想的人，請務必試看看我家的年度掃除行事曆，就在一五三頁。在此先將我家的行事曆略做說明。

紫色格子是每個月都要打掃的地方。白色格子是當月要打掃的地方。灰色的格子是不打掃也無所謂的地方。

我會每個月檢視一次這張表，只打掃當月白色格子的部分，並記下打掃的日期，其他時候就把這張表格暫放一旁。

附帶一提，我也規定自己在每月二十日到月底為止的這十天中，選一天進行迷你大掃除。換句話說，我會在這十天空出一個對自己來說最不勉強的時間，完成規定的打掃。

這張表我已經用十一年了，現在不到一天就能清掃得乾乾淨淨。我在每個月的三十天當中，只撥出一天思考打掃家裡的事情，除此之外，就只有每天固定用除塵撢撢落灰塵跟拖地（或吸地）而已。所以每個月剩餘的二十九天，我就真的幾乎忘記打掃這件事了。

舉例來說，我每年只會在油污最容易清除的八月進行一次抽油煙機大掃除，其他月份就做一些更換濾網之類的簡單打掃而已。

在清理冰箱方面，我每個月也只會清潔製冰盒的部分。至於把所有食品取出，清洗層架及抽屜的作業，只有在房間的室溫降到和冰箱相去不遠的二月才會進行。因為冰箱與室內溫差不大，這麼一來，既不會影響食品的新鮮度，也能節省電費。

此外，很多人都會在年底進行大掃除的時候擦窗戶，但我擦窗戶的月份是五月及十一月。因為即使年底擦乾淨了，還是很快就會被花粉弄髒。所以我才把擦窗戶的時間，訂在五月花粉季結束，以及十一月颱風季與秋天的綿綿陰雨結束，窗戶被風雨徹底弄髒之後。

但這終究只是我家的年度行事曆。你可以自由決定打掃的場所，以及迷你大掃除的期間。

每個月的上旬、中旬、下旬，什麼時候進行迷你大掃除對你來說最舒服呢？你可以順著自己的感覺，以最不勉強自己的方式，決定年度掃除行事曆的日程。

更進一步來說，打掃時也不是絕對得照行事曆不可。你可以根據自己的體力與時間決定要不要打掃，這點完全沒問題。這張表之所以存在，終究只是為了讓你在排定打掃時間時，能夠不耗費多餘的精神，輕輕鬆鬆，沒有任何壓力。

「絕對不能以『完美』為目標」就是讓愉快、適合自己的打掃方式能夠持續下去的秘訣。請從做得到的部分逐步開始著手。希望你可以利用這張年度掃除行事曆，減輕打掃對你造成的心理負擔。

等一年之後，再請你回顧行事曆上的完成日期，體會「今年也做了這麼多努力、完成這麼多事情」的成就感，你一定會想對自己稱讚道：「我真的很努力呢！」

● 希望對你有幫助——我家的年度掃除行事曆

迷你大掃除項目	1月	2月	3月	4月	5月	6月	7月	8月	9月	10月	11月	12月
天花板、牆壁除塵	1/22									擦牆壁		
擦拭照明器具												
通風口（濾網）			只掃廁所	花粉黃沙	上旬掃黃沙				只掃廁所			
擦窗戶（玻璃窗．紗窗）		花粉	花粉	花粉		梅雨	梅雨		秋雨			
地板打蠟	1/22											
刷洗陽台												
洗窗簾												
客廳	1/22											
兒童房	1/22											
冷氣空調												
衣櫃．儲藏櫃												
廚房．瓦斯爐	1/25											
冰箱	製冰		製冰	製冰	製冰	製冰	製冰	製冰	製冰	製冰	製冰	製冰
抽油煙機	簡易 1/24	簡易	簡易	簡易	簡易	簡易	簡易		簡易	簡易	簡易	簡易
餐具櫃．抽屜												
臥房	1/22											
曬棉被．洗被單	1/22											
床墊翻面												
衣物換季					彈性調整						彈性調整	
盥洗室	1/22											
洗衣機（槽洗淨）	1/22											
浴室	1/23											
浴室（濾網．拉門）												
浴室（天花板．照明）												
排水口除臭												
廁所（包含馬桶噴嘴）	1/22											
鞋櫃．檢查救難包												
走廊．玄關	1/22											
停車場．居家四周	1/30											
車												
記錄其他項目	把盆栽搬進室內	衣服晾在室內	女兒節作品整理將盆栽移到戶外	西裝外套送洗，上旬收毛毯	拿出電風扇，收羽絨被	除濕劑		除濕劑	收電風扇防蟲劑	西裝送洗拿出毛毯與暖爐桌	拿出大衣與羽絨被	除濕劑

- 每月 20 日到月底左右，選擇一天進行迷你大掃除！
- 紫色格子每個月都要打掃，白色格子是當月打掃，灰色是不打掃也無妨。

Chapter 4

勇氣整理術，
讓人生充滿希望

丟棄物品就像「畢業」！
整理就是積極面對人生的方法

丟東西就代表你從過去的自己「畢業」，這是一個六歲小女孩教會我的事情。

這個小女孩是我客戶的女兒。她不管媽媽再怎麼軟硬兼施，都堅持不願丟任何東西，所以房間裡堆滿了各種衣物、襪子、玩具等大小雜物。

在接到客戶的邀約後，我請這個小女孩和我一起選出要留下來的東西。在與她一起著手整理的過程中，她都很努力地進行，一邊說著「重要！」，或是「這個我還要！」，一邊挑出重要的東西；或是一邊說著「畢業！」、「這個也畢業！」然後挑出不再玩的玩具。

讓我驚訝的是，在大約四個小時的過程中，她完全沒有說過「這個我不要了！」這樣的話。

原來，丟東西既不是浪費糟蹋的行為，也不是把物品視為垃圾廢物，而是讓你自己「從物品畢業」！這與阿德勒整理術有著異曲同工之妙，目的都是在讓你從不舒服的物品「畢業」，只留下「舒服」物品，讓你能過更積極的人生。

話雖如此，如果丟東西會讓你覺得不舒服、沮喪，那麼不要勉強自己也沒關係。

阿德勒勇氣整理術的重點就是：「不要把完美當成目標，而要懷著不完美的勇氣」。說得更極端一點，即使第一五三頁的年度掃除行事曆全都無法執行也無所謂。

前面介紹的那些方法與訣竅，終究只是為了釐清並簡化總是盤旋在你腦中的整理問題，更重要的是要讓你的心變清爽。

但是反過來說，只要執行這個阿德勒整理術，你的心一定會自然而然變得愈來愈暢快、積極。因為，**整理就是一種能驅使人產生「採取行動」的動力**。

舉個例子來說。與其讓問題在大腦中轉個不停，不如利用散步、伸伸懶腰，讓身體產生活動力，也能活化思緒，如此會更容易靈光乍現，產生天外飛來一筆的創意。想必你也有過這種經驗吧？整理也是一樣的道理。

而且整理能夠讓人眼見為憑地親自見證改善之處，這種舒服的感覺不但能夠長期維持，也能使自己更有自信。所以**整理是讓人生過得更積極的方法**。

整理的好處一定比你現在所能想到的多更多。本章想告訴大家的，就是讓整理帶來的諸多優點。

室內布置唯一的重點，是要讓「舒服」變得「更舒服」

我在前面的章節，幾乎是刻意不去提「改變室內裝潢或家具」等「布置」的要素，這麼做是有原因的。

整理、收納、收拾、打掃，是讓「不舒服」變「舒服」的步驟。而另一方面，室內布置則是讓「舒服」的感覺更往上提升一個層次，變成「更加舒服」的步驟。所以，首先只要讓「不舒服」變為「舒服」，就能為你的理想生活打下基礎。接下來才請你一邊考量財務狀況，一邊思考對你來說何謂舒適的室內環境，想像並打造出更棒的居住空間。

我自己也會在打好整理的基礎後，每年採購一次大型家具，汰舊換新，這對我來說已經成為室內布置的樂趣之一。

但我想一定也有很多人的順序與我相反。他們或許是在翻閱室內設計雜誌時，覺得「這個家具真不錯」，於是衝動之下就買了家具，後來發現這個家具太大了，根本不適合自己現在的生活方式或空間，這時才驚覺道「啊，麻煩大了！」。

不少來找我諮詢的人都曾有類似懊惱的經驗。譬如沒有考慮客廳大小，就買了龐大又笨重的電視櫃或櫥櫃，等家具送來後才發現尺寸不合。或是因為貪小便宜，大量訂購了根本就不需要的便宜家具，等好不容易就定位後，才發現完全不適合房間的風格，最後只好忍痛重買。

但是從阿德勒心理學的角度來看，會認為：「這些失敗不也是很好的經驗嗎？」**失敗在阿德勒心理學中，是你曾進行過挑戰的證明，將會成為日後成功的基礎**。只有你自己才知道什麼樣的家具適合你，所以珍惜每次不論是成功或失敗的經驗，在發現自己貿然行事而犯下錯誤時，不要覺得自己「沒品味，真是糟糕」，而要轉念想到：「原來是這樣，那下次我就知道該怎麼做了！」這次的「搞砸」就不會成為「失敗」。成功原本就是失敗的累積，只要你願意嘗試，擁有克服困難的勇氣，情況一定會變得愈來愈好。

話雖如此，在發現「啊，麻煩大了！」的時候，也不需要強行說服自己「這不是失敗！」而是誠實接受自己當下的情緒，接著再思考「接下來該怎麼辦？要繼續使用嗎？還是要買新的？」最後根據自己的經濟狀況，想像新的「理想樣貌、理想行動」。

此外，布置也沒有必定要遵守的規則。

我在某個以年輕人為主要收視群的電視節目中，看到設計師告訴觀眾：「盡量把各種色彩繽紛的東西擺到櫃子上。你們看，變得這麼時尚了！」電視裡的女孩子看到對方打造出擺滿東西的房間時，一再稱讚這位設計師採用的方法「好可愛！」。這和我平常傳授的秘訣完全相反，讓我忍不住笑出來。

在我的觀念裡，室內布置沒有哪種色調一定比較好，也沒有規定物品的量應該要多或少。**唯一的重點，就是將你的「舒服」變得「更舒服」**。

我在前面確實提過，先打造出理想的基礎，再考慮室內布置會比較容易。但如果對某樣家具一見鍾情、覺得這簡直就是命中注定的相遇，也是會有順序顛倒過來的例外時候。

舉例來說，曾有位一眼就看上某個超級骨董櫃的委託人前來問我：「裡面應該放什麼才好呢？」那是國外的骨董櫃，有許多曲線式的設計，造型相當獨特，只是實際收納量並不像外表看起來那麼多。光是思考該如何才能好好利用，就很耗費心神。

但對這位委託人來說，擁有這個骨董櫃就是件很棒的事情了，所以我和他一起拼命想像「該怎麼用才好呢？」這也是讓「舒服」變得「更舒服」的作業，並不會讓人覺得焦躁。

結果對這位委託人來說，不論是整理或室內布置，都成為非常舒服愉快的事情，居家也變成更舒適、更美妙的空間。

想轉換心情？那就改變物品的擺放位置吧！

了解「自己喜愛的物品」以及「對自己來說舒服的物品」，能讓空間更有自己獨特的品味與風格。只是，讓自己覺得舒服的物品，最後也會像生活型態一樣，會有所改變。

鮮明的風格比較舒服，還是柔和的風格比較舒服？金屬的冷冽風格比較好，還是木頭的溫潤質感比較好？想要熱鬧繽紛的氛圍，還是簡單明快的感覺？喜歡深色，還是淺色？現在的你，偏好哪一種呢？

整理結束之後，你會對「舒適」的想像愈來愈明確，或許也想要配合這樣的理想添購家具。

「嗯，我了解我夢想中的家是什麼樣子了！但是買新家具無論就金錢上的考量，還是就空間條件來說，對現在的我來說，都有點困難……。」如果像這種受限於現實狀況的時候，**試著根據你現在覺得舒服的風格，將物品的位置做變動調整，也是一種簡單的歸零方法**。

不少人為了轉換心情，而把重新布置居家當成興趣。改變屋子裡的物品種類或是擺放位置，確實會帶給人煥然一新的感覺，也能變換室內的氣氛。

舉例來說，當人們從入口進到屋子裡時，所面對的地方稱為「聚焦點」，同時也是視線最容易聚集的受人注目之處。

如果聚焦點充滿著耀眼繽紛的多樣色彩，整體視覺會比較雜亂。（不過對年輕女性來說，可能會覺得這樣做充滿活力，也能營造熱鬧愉快的氣氛。這種想法也符合阿德勒所謂的認知論吧。）

若是希望房間看起來清爽、沉穩，就讓聚焦點單純些，盡量不要擺放東西；又或是只嚴選少數幾件色調統一，能讓你覺得最清爽、最舒服的家飾品，這麼一來，即使不購買新家具，也能大幅改變空間給人的印象。

此外，家中有小孩的家庭，難免有許多玩具或雜物，建議可以把孩子塗鴉的繪本、玩具等，收放到與玄關平行的側邊儲物櫃，或是在進門時看不到的玄關後方的牆面收納櫃，這樣就能維持視覺上的美觀。

從機能性上做考量，也就是利用如何讓現在的你或家人使用起來更方便的角度來思考室內設計的變化，或許也是不錯的方法。譬如把書包擺放在低於孩子腰部的層架上，不僅取放都很順手，看起來也清爽。

不過，這些建議都僅供參考。**阿德勒整理術的原則，就是「盡情享受整理後的空間」**。了解自己現在覺得舒服的設計，也就是要符合自己的喜好、使用方便等要素，才是最大的重點。

喜歡室內布置的人，請一定要在建立好家裡的整理系統之後，花一、兩個小時，開開心心、滿心期待地翻閱室內設計雜誌或郵購目錄。你剛整理完的屋子，就像純白的畫布。請悠閒地依照自己的步調，盡情享受自由發揮的樂趣吧！

亂七八糟也不是壞事。不自責，不焦慮，培養勇氣與自信

「不舒服」通常被視為負面、應該極力避免的情緒，但因為整理是一種積極、有建設性的行為，所以在開始執行阿德勒勇氣整理術後，能夠將你的不舒服轉化為舒服。而具體來說，你的「心」又會產生什麼樣的變化呢？

首先，你能夠透過整理，誠實處理每一種不舒服的情緒，學會與自己和平共處，藉此培養出「沒問題！我做得到！」的自信，你能夠愈來愈自我肯定。於是，你在無法整理、或是錯買家具或收納用具的時候，也不會自責，而是看見自己已經做到的部分，並告訴自己：「我對整理已經愈來愈上手了！」，或是「下次應該先量好尺寸再買才對，我學到了寶貴的一課呢！」

此外，在嘗試阿德勒整理術之後，人們最常出現的感想就是「亂七八糟也不是壞事，所以我不再苛責自己了。」而坦然面對的結果就是「所有一切都變順利了」，這類的回饋同樣也很多。

像這樣，人們能如實接受自己、信任自己，並給予自我肯定，擁有「認同不完美的勇氣」，同時也能獲得脆弱的力量，這在阿德勒心理學中稱為「自我接納」。也因此，你允許自己可以產生不舒服的情緒，也可以選擇不整理。因為這些情緒或決定都是你不受到任何人強迫，依照自己心意所下的決心。

我同樣也透過阿德勒整理術學會接納自己，我不僅能夠肯定「會整理的自己」；在無法進行整理工作時，也不會感到焦慮自責，因為「我現在雖然無法整理，但這也代表我正努力忙著做其他的事情」。或許是因為這個緣故，晚上我就算沒有洗碗盤，也能理直氣壯地安穩入眠（笑）。

接納自我、信任他人及貢獻他人，讓我們更幸福！

「接納自我」、「信任他人」和「貢獻他人」是阿德勒心理學中提到的幸福的三條件。

「接納自我」就是「如實接受並喜愛真正的自己」。第二點「信任他人」，則如同字面上所示，就是「無條件地信任對方」。第三點「貢獻他人」則是為他人付出或產生影響，期待自己能有所貢獻。

阿德勒心理學認為，這三個條件如缺任何一個，都無法真正感受到幸福，所以才會稱之為「幸福三要件」。

在這篇文章中我將告訴你，只要進行整理，就自然能全面提升阿德勒心理學中幸福三要件的層次。而且無論是獨居者，還是和家人共同生活的人，所獲得的成果都是相同的。

誠如我一再提及的，阿德勒流派的整理術就是察覺、處理自己的情緒，並給予自己勇氣。如果無論結果成敗，我們都能勇敢地接受；無論自己是什麼樣的人，都能如實自我接納，那麼，我們對有能力解決難題的自己就會產生信心。因此，整理能夠讓我們珍惜自己，進而提升自我接納的層次。

此外，我在人際關係論的部分也提過，如果能夠透過整理，只收集讓自己覺得「舒服」的物品，那麼留在屋子裡的東西，自然就能讓自己感受到與他人之間的溫暖牽絆。**當屋子裡愈來愈少會讓人覺得不舒服、或是聯想到責怪他人與被他人責怪的物品，就會營造出更能信賴他人的環境。**

透過整理，也能讓一起生活的家人或伴侶珍惜自己心愛的物品，這會讓我們覺得自己的存在受到重視，感受到「家人是夥伴！」這種橫向關係產生的親密連結，進而提升「信任他人」的層次。

那麼，「貢獻他人」的層次又會如何提升呢？從整理的角度來看，就是透過物品，體會到彼此的關愛、掛念與羈絆。

在日常生活中，你或許不會意識到這點，但在此舉個例子。當我們看著在母親節或父親節為父母準備的禮物時，心裡會想：「雖然現在彼此住的地方相隔遙遠，但謝謝你們成為我的心靈支柱！」在曬衣服的時候，會想到：「我正在為這個家努力呢！」或是看到工作的文件時，會覺得自己對社會有所貢獻等等。整理時將東西握在手裡的觸感，那股悸動也能讓你察覺平常忽略了自己所扮演的角色。

整理更能帶給孩子正向的能量。如果整理能讓父母開心，孩子也會感染到興奮之情，心生參與感，覺得「我有做得到的事情！我可以幫得上忙！」「我做得到！」、「我對別人有幫助！」這種貢獻感，比日常生活中的任何事情，都更能帶給我們勇氣與幹勁，不是嗎？

換句話說，把屋子整理得舒適，就能讓我們感受到接納自我、信任他人、貢獻他人這三種心情，找到令人由衷感到安心的歸屬感，覺得「我適合這裡！」。這種擁有歸屬、被認同的感覺，在阿德勒心理學中稱為「共同體感覺」。

阿德勒心理學是接納自己、能帶來勇氣的心理學；也是著眼於未來，希望透過個人的幸福，建立整體社會大規模幸福的「共同體感覺」心理學。所以愈認真執行阿德勒勇氣整理術，你就能更加幸福！

透過整理，讓家擁有美妙的能量氣場

實行阿德勒心理學，不只是「他人」，就連你的「屋子」、你的「物品」，也都會信任你，為你加油。

即使不鑽研風水，你也能透過整理，自然而然將你的家，變成對你來說最具療癒力的能量氣場。

因為家裡的東西，對你全都是「舒服」的物品。即使是在你辛勞工作一天後，筋疲力竭地回到家後，家裡的東西也能給你心靈的撫慰，帶給你「今天真是辛苦了！」的鼓勵，給予「我一定做得到！」的勇氣。即使疲憊不堪或心情低落，在家也能覺得放鬆、被療癒，進而湧現出積極面對人生的力量。所以，

你自己親手整理的房間，就是你的最佳歸屬。

我自己就是每天都從家裡獲得勇氣。

我老公的興趣是攝影，每當我在家裡上下樓梯時，看到他掛在牆上的照片，常常心生感動，覺得「他真的很厲害呢！」當看到孩子的作品時，也能感受到她們的成長，驚喜地想到：「原來她們也能有這樣的巧思！」或是在看到自己早上拖過的地板時，也會覺得「我做得真棒！」。

這些真的都只是平凡無奇的小確幸，但卻沒有什麼比這些事情更能讓我每天像充飽電般活力十足。

整理書常會寫道，整理能在時間、金錢、精神這三個面向對人產生助益。的確，整理能讓我們立刻找到需要的東西，不必到處搜尋；而且空間動線變得順暢，打掃時間也會縮短。整理更能讓我們了解自己究竟缺少什麼、需要什麼，不再購買不必要的東西，或重複購置同樣的物品，學會聰明購物，也節省金錢。

更重要的是，整理讓雜物變少，空間變大，心情也變好了。無論是請人到家裡作客，或是進行室內布置，都不再是件麻煩事。

說到風水，附帶一提。我最近剛好讀到與風水有關的書，所以也好奇地以我家做為檢測樣本。

或許只是湊巧，但我與家人根據自己舒服與不舒服的感覺，為物品挑選的擺放位置，剛好也是從風水角度來說的最佳方位，真令人驚喜。

當然，風水是門非常深奧的學問，我家的狀況或許只是幸運的巧合，但誠實面對自己的情緒，確實是十分切合現實、也是能夠信賴的指標。這也增加了我對自己坦誠時所感受到的自信。

住家不是樣品屋，生活感與人味能為空間帶來真實的溫度

到國外旅遊時，總會發現外國人經常利用許多家人的照片，將牆面裝飾得非常溫馨美好。從爺爺奶奶到爸爸媽媽年輕時的照片，還有屋主的童年照，以及與家人、朋友、伴侶的合照……。不但屋內整理得清爽整潔，美好的記憶更永遠留存在住屋中，讓居住者與訪客都感受到人與人之間的親密和情誼。這樣的屋子總讓我心想：「這種感覺真是太棒了！」

我也會忍不住揣想，屋主應該就是個能接納自我、信任他人、貢獻他人的人，所以才能將巧手妝點出這麼棒的空間，又充滿溫暖的氛圍。我想，「照片牆」營造出的溫馨，也是將自家變成能量氣場的重點之一吧！

如果過於要求整齊，往往會在不知不覺間開始專注於功能性與效率。如果要我選擇，我更寧願追求溫暖，而非機能性。

井然有序的空間固然很棒，但我也希望住家能擁有人味與溫度。我想要的，是不用總是保持正襟危坐的姿勢，而可以隨興自在或坐或臥的空間。而且當我向愈多人傳授阿德勒整理術時，這樣的慾望就愈強烈。

如果任何事情都過度講求節制、禁慾，就會失去人的溫度，所以我對於近幾年十分流行的極簡熱潮，感到有點憂心。**我真的認為不需所有人都一味追求這種終極的整潔。**

「生活感」在時下盛行的整理熱潮中，帶給人全然是負面的印象，但我卻透過阿德勒整理術，重新發現了在生活中擁有人的溫度與生活感的美好。

感受不到別人肯定的我，曾絕望地帶著孩子搭末班的新幹線離家出走

阿德勒心理學否定「尋求他人認同的慾望」，因為如果你總是在意別人對自己的看法，活在外界的眼光中，人生就會因此失去方向。

整理也是一樣。整理不需要獲得他人的認同，只要自己覺得滿足就可以了。如果一味追求他人的鼓勵與支持，人生終將不斷被他人的看法牽著走。

但有人聽到我這麼說時，可能會認為這真是太強人所難了，畢竟被別人稱讚與賞識是件開心的事情。

以前的我也曾是如此。

在我剛開始帶孩子的時候，也總是渴望自己的辛苦付出能獲得稱讚與認

同，甚至還曾因為「我明明已經這麼努力，卻得不到任何人的鼓勵。我好沮喪……」這種悲觀的想法而傷心欲絕，帶著兩個孩子衝上新幹線的末班車，絕望地離家出走。

我在成為全職家庭主婦前是個上班族，婚後必須靠老公養也讓我產生強烈的自卑感。這更讓我覺得身為全職的家庭主婦，竟不擅於利用整理讓自己活得更有價值，真是一個無用的人。

於是，焦躁感就從自卑的想法中不斷冒出來，當時的我，每天都覺得人生怎麼這麼痛苦。

現在雖然我可以輕鬆說起這件事，但當時的我就宛如悲劇中的女主角般愁苦。

但自從我接觸阿德勒心理學，將其融入整理中後，就不再渴求被認可的慾望，人生也變得愈來愈愉快。

換句話說，整理能帶給自己勇氣，充滿自信地活出真正的自己。一旦你發現只要滿足自己的需求就可以了，生活就會變成一件非常開心的事情。

除了整理之外，當然也有許多方式能幫助我們踏出自我肯定的第一步。有人是以旅行為人生的目的，也有人以運動做為生活的寄託。此外，也一定有人是將能夠讓自己樂在其中的興趣或工作做為寄情的對象吧！

然而，整理對任何人來說都是最切身、也是每天都做得到的事。透過體驗「今日事，今日畢」的喜悅，累積自我肯定，最後終將能不隨他人的目光起舞，成為真正有勇氣的人，愉快地活在以自己為主角的、也是最自在的人生當中。

而且，有勇氣的人，也能給予他人勇氣。換句話說，改變自己的整理方式，也能自然將你的心理狀態與精神狀態，從青澀幼稚轉變為穩重成熟。

為什麼忽視95%已經完成的積極行動，卻為5%未完成的事自責？

如果將一個人一天完成的行動當成一〇〇％，那麼一般人應該大約九十五％的行動都是好的、正向的。

「不不，我並沒有那麼好，我還蠻差勁的。」或許有人會這麼想。

但是請仔細思考一下。現在的你，因為「想要變得擅長整理」，所以正在閱讀這本書。即便只有這樣，都已經是非常積極的行動，不是嗎？

不僅如此，你今天沒有賴床、好好地刷牙洗臉、好好做家事，也好好吃飯……。這麼一想，光是平凡地活著，也已經完成九十五％有建設性的行動，這就是件非常不平凡的事。

在一〇〇％的日常行為中，或許大約有五％沒有做好。譬如像我一樣不洗碗、東西拿出來就隨意放在桌子上、應該縫扣子卻一再發懶遲遲不願動手、衣服一直堆著不洗……。即便這些行為在一〇〇％當中只佔了區區的五％，但我們卻無法克制地持續注意並放大這五％，結果誤以為「自己真沒用，連這些事情都做不好」。

即便自己根本就不像自認為的那麼糟，但因為愈覺得「自己沒用」、愈專注於沒有完成的目標上，無法做到的行動也會隨之增加。這是因為人會將全副的心思放在自己所關注的部分，**心理學稱這樣的行為是「因注意而強化」**。

只要透過整理，把焦點放在已經達標的事項，告訴自己「我做完了這件事，而且今天也過得很好」，一天只要做到一件這樣的事情就夠了。這樣一來，自己就會變得振奮，積極到連自己都感到驚訝，而完成事情的範圍也會變得更寬廣。

這就是給予勇氣的優點，也是「注意完成的部分」的美好效果。

當心態改變之後，即使有不成功或不臻於完美的地方，也不會沮喪到一蹶不振。從前只要稍微發現有一點做不好的部分，負面情緒就會在心中不斷擴散成低氣壓，覺得自己「完蛋了，世界末日到了」，沒完沒了地一味消沈。但現在能自然把焦點放在「好的部分」，認為「做不好也是沒辦法的事情。但其他地方我做得還蠻不錯的，這樣應該也很OK吧！」

當你進行第一章提到的焦躁點檢視，找出許多想要改變之處時，請你一邊注意每一個「改變了！」、「完成了！」的部分，一邊審視這張表格。你會發現，因為事情尚未完成而產生的焦躁感，與事情已經完成的成就感或自我接納感，這正負兩者的心情已經在自己內心達成平衡，煩躁的情緒不知不覺就穩定下來，連自己都覺得不可思議。

只憑意志力或想像力進行正面思考，又或是強化心智，是很不容易的事情，這我完全做不到。但如果**將整理當成讓自己成長的方式，就自然能改變自**

己，即使持續心情沮喪，意志消沈，也能重新振作。
這就是阿德勒勇氣整理術，也是拯救我人生的貴人。

被整理的，不只是空間，連頭腦也變清晰了

許多商業書都會強調：「當工作不順、頭腦卡住時，就整理辦公桌吧！」我也覺得這是個行之有效的辦法，因為「環境」與「思考」彼此關係確實十分密切。

我也經常從找我諮詢的人口中聽到「屋子變整潔後，當然覺得很開心，但連頭腦都變清楚，精神更能集中，更是令人意想不到的收穫。」諸如此類的感想。

據說，**像是整理桌面、把書放回書架上、丟垃圾等簡單的動作，可以刺激大腦產生興奮感，以及幫大腦累積小小的成功經驗，帶來暢快感。**

在心煩意亂或苦無靈感時，我會隨手略微整理一下最容易著手、或是最在意的地方，當我這麼做之後，往往就會靈光乍現或茅塞頓開，事情也開始朝著好的方向發展。

曾聽某位商業界的人士說：「**整理對我而言，就是『排除卡在思緒中的狀態』，或『清理手邊的障礙』。**」我覺得他說的一點也沒錯。

人生（或是說「人活著」這件事）常被比喻為河流，如果河裡堆積太多雜物，水流就會阻塞不暢，停滯不前；但是只要整理或稍稍清除任何一處的堵塞物，河川自然又會開始流動。

話雖如此，但任何人都不需要為難自己。因為如何能在不勉強自己、不過度努力的情況下，舒服地享受適合自己的人生之流，是阿德勒整理術的重要目的之一。

「把電視櫃上的文件放回抽屜」，像這樣，從決定一處隨時能保持乾淨的地方做起

前面說過，整理的優點就是給予勇氣，幫助我們排除停滯、阻塞的思考與事物，讓人生之流恢復清爽、順暢。

接下來，我想告訴大家一個更輕鬆就能做到這點的技巧，那就是：**決定一處隨時都能輕鬆維持乾淨的地方**。

不論是辦公桌、床頭櫃，或是廚房流理台的周圍，請選出一處無論多忙、多累，都要每天整理乾淨的地方。因為只有一個地方，不會花費太多時間，你應該輕鬆就能做到吧！如果是每天都看得見的小地方，效果會更好。這個地方對你來說，就是「心的歸屬」。

以我自己為例，我覺得「只要把電視櫃上的文件放回抽屜裡就行了！」就面積來看，這是個只有四十至六十公分見方的場所。

即使其他地方沒時間整理，東西四散，但只要看到這個地方，就會發現：「今天雖然沒整理其他地方，但是沒關係，這裡已經整理好了。」的喜悅，而且還能制止自己產生「唉，我真沒用……」的負面思考。

「決定一處隨時都能保持乾淨的地方」，乍看之下這個要求似乎太容易，而顯得對自己太過於縱容了；但這在自我鼓勵、給予自己勇氣方面，其實是個非常合宜的技巧。

既然已經動手整理了，我希望大家可以盡情享受從中獲得的好處，逐漸擴大至未來能夠常保笑容、活得更忠於自己的可能性。這麼一來，所有的一切，應該都能開始往好的方向發展。

如果能夠一口氣將所有東西整理完畢，當然是件很棒的事情。但是請不要著急。

用龜兔賽跑來形容或許不是很貼切，但懷著愉快的心情，一點一點地持續做好小事情，其實比想要一次到位地完成大規模或大範圍的工作，更能走得長遠，獲得更大的成果，不是嗎？

「魔鬼的耳語」傳播負面能量，「天使的耳語」讓你愈挫愈勇

當你正逐漸朝著「會整理的人生」邁進時，有時難免還是會面臨整理後又變亂的沮喪，覺得自己似乎一輩子都將活在整理的惡夢裡。此時，請一定要自我鼓勵，打起精神重新振作，並試著進行能為自己帶來勇氣的「積極性自我對話」。

我一直覺得，「給予自己勇氣」是阿德勒心理學中最了不起的一點，因為這能將你的身心靈都帶往好的方向前進，而且產生的力量遠比你所能想像的還大。所以我在研習會或講座中，也會安排讓與會者體驗「惡魔的耳語」及「天使的耳語」的時間。

這是我在HUMAN GUILD公司開發「ＥＬＭ給予勇氣」課程中所傳授的練習。我會請學員先從惡魔的耳語開始體驗。所謂「惡魔的耳語」，就是負面的自我對話。

人常會在下意識中和自己對話，不論是以內心ＯＳ或喃喃自語的方式。像是消極、悲觀的人，就會產生如第一九三頁列出那些話語的負面情緒，來否定自己。

這個練習的目的，就是要讓學員藉由將這些話說出口，仔細省思「我為什麼總是對自己說這些消極與自我批評的話呢？」這個問題。

在此也請你試著發出聲音，把第一九三頁的內容用嘴巴唸出來。你聽了之後有什麼感覺呢？你是不是覺得很不舒服、不愉快，而且意志消沈呢？

很多人在不知不覺間就讓自己隨時都沉浸在這類的惡魔耳語中。從前的我也是如此。

換句話說，我們每天所做的並非給予自己勇氣，而是拚命打擊自己，結果就是讓自己愈來愈脆弱。

但是，只要對自己說第一九六頁那些「積極的自我對話（天使的耳語）」，就能消除惡魔的耳語帶來的負面效果。

我曾在研習會中，請學員嘗試「聲音能量」這個方法。

我讓兩人為一組，請他們輪流在對方身後附耳說「惡魔的耳語」以及「天使的耳語」。

結果大家都能明顯感受到他人所說的這兩組話語，分別為自己的內心帶來多大的正面或負面反應；而且兩者間的差別之明顯，著實令人吃驚。

平常盡量多對自己說一些正向的自我對話、積極的自言自語，或是能自我鼓勵的天使耳語，不僅能讓你在整理時進行得更順利，也能讓你隨時保持愉快的心情，就連人生中所有的一切都能轉往光明的方向前行。請你一定要在獨一無二的人生中，多對自己說一些天使的耳語，讓心中的勇氣漸增。

惡魔的耳語（負面自我對話的例子）

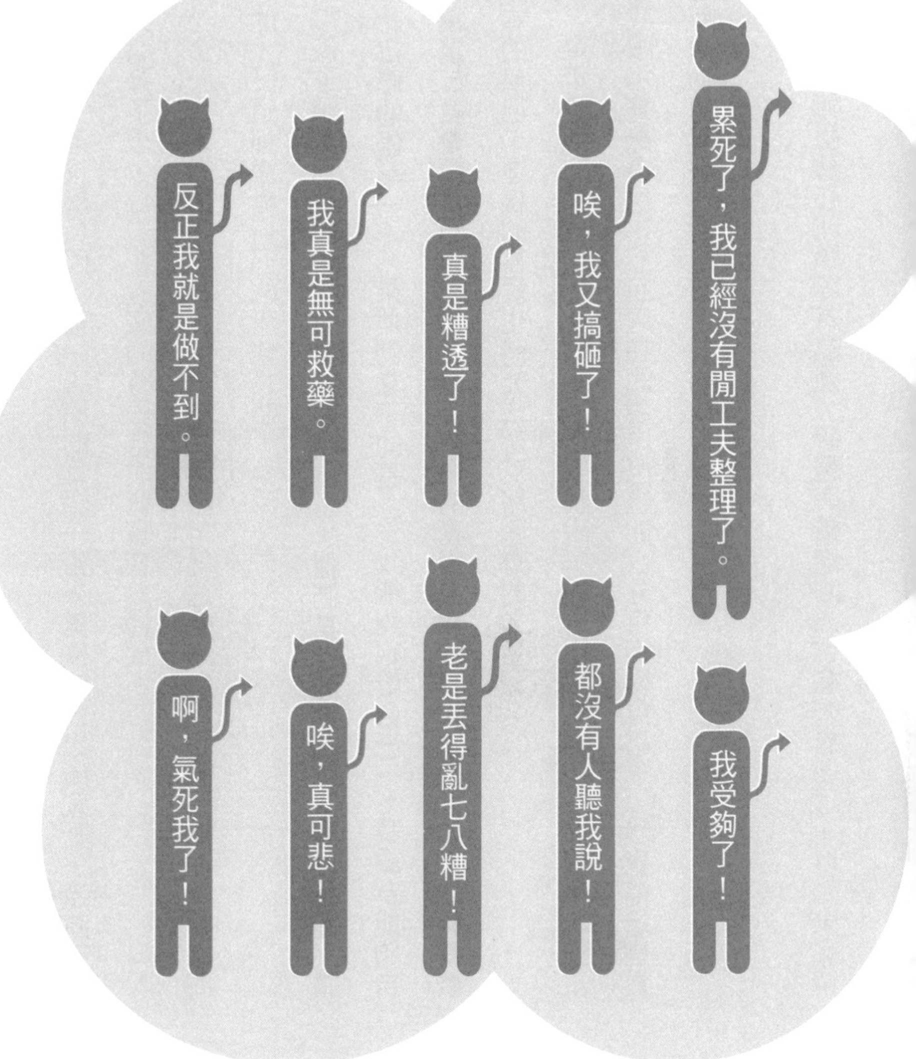

甚至，某位學員因為被「天使的耳語」帶來勇氣的效果所感動，還將天使的耳語錄下來，每天在煮飯的時候當成背景音效播放。

至於我家的情況則是，當我愈忙碌時，就愈能夠自然說出「加油！我沒問題的！」這種激勵自己的天使耳語。

孩子們看到這樣的我，也都被同化了。他們某次的家庭作業內容是：「請介紹自己的優點」，結果他們寫下的是：「我能夠稱讚自己」。我認為能夠自我稱讚，就是讓自己喜愛包含缺點在內的真實自我的一大助力。如果能夠喜歡原本的自己，這樣的喜愛也將能成為克服困難的力量。

童年時期的我，雖然會因為父母對我說「你一定沒問題！」而覺得心安，但我根本毫無自信。然而現在的我，已經能百分百喜愛自己了，我覺得這是進行阿德勒勇氣整理術後最重要的成果。

現在阿德勒心理學蔚為熱潮，研讀與鑽修的人也愈來愈多了。但如果想精通「給予自己勇氣」的精髓，需要很長一段時間才能看見成果，因此也有人無法持之以恆，中途就放棄。

但若透過「整理」這種用雙眼就能看見「成果」的方式，來理解阿德勒心理學，很容易就能接受。因為不需要太費力，輕輕鬆鬆自然就能學會。而且，再配合「天使的耳語」，不斷給自己鼓勵和支持，就更能勇往直前，更快看見自己的轉變。

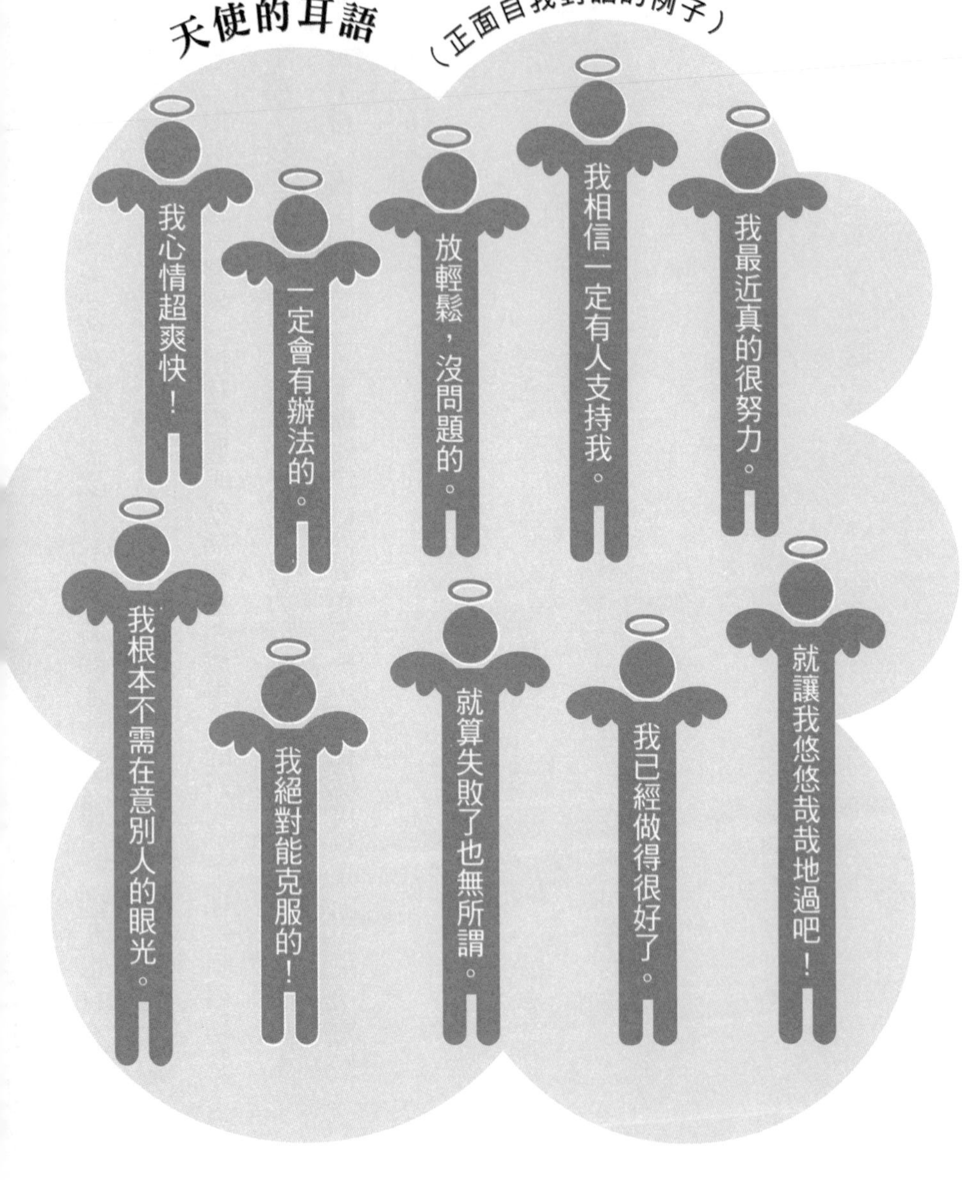
天使的耳語
（正面自我對話的例子）
我心情超爽快！
一定會有辦法的。
放輕鬆，沒問題的。
我相信一定有人支持我。
我最近真的很努力。
我根本不需在意別人的眼光。
我絕對能克服的！
就算失敗了也無所謂。
我已經做得很好了。
就讓我悠悠哉哉地過吧！

天使的耳語（正面自我對話的例子）

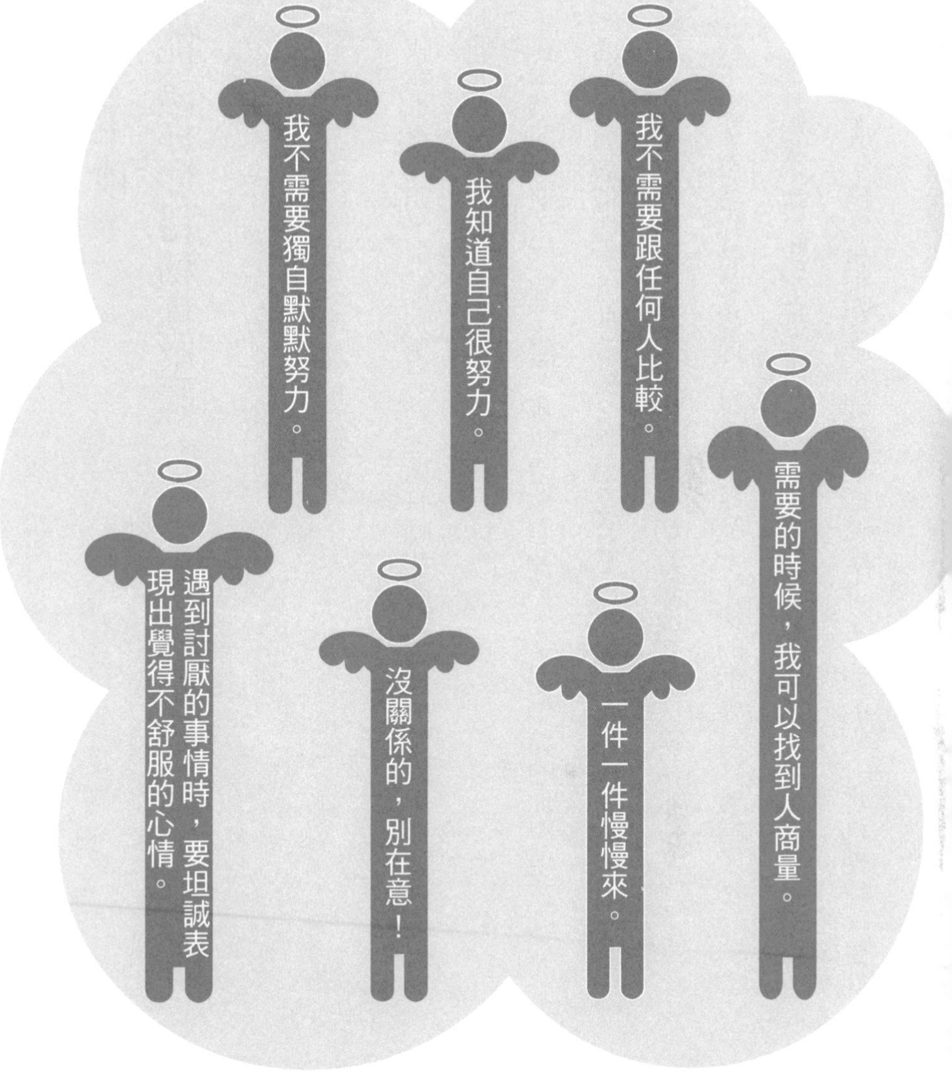
我不需要獨自默默努力。
我知道自己很努力。
我不需要跟任何人比較。
需要的時候，我可以找到人商量。
遇到討厭的事情時，要坦誠表現出覺得不舒服的心情。
沒關係的，別在意！
一件一件慢慢來。

只要三十秒，就能讓你變得積極堅強

我在本章說明了阿德勒勇氣整理術有哪些超越整理的好處，而這些好處又如何能邁向美好未來的可能性。

在本章即將進入尾聲之際，我想請你思考一下，一年前的你與現在的你，在生活型態與價值觀有哪些改變？無論是喜歡的衣服、偏好的室內設計風格、家庭成員或是工作內容，我想這所有的一切毫無改變的人應該很少。

接下來，再請你試著想像一年後，以及十年後的你會是什麼樣子。

「那時候我也會和現在完全一樣。我希望每天都過著一成不變的日子……」

會這樣想的人，應該也很少吧！我確信即便是上了年紀的人，也仍期待人生能有所不同。

大家多半認為，出生在物資缺乏時代的老一輩，往往囤積物品，即便丟個小東西也會猶豫不決，考慮再三，無法拿出面對整理的力氣。但有一次我到某個公民館（譯註：類似台灣的社教館），對六十至八十多歲的長者進行關於整理的演講主題時，我發現這都是年輕世代的錯誤認知與刻板印象。因為在場的人都認為，如果能過得比現在更好，拋棄舊物並不可惜。

阿德勒曾說過：「要改變個性，到死前的一、兩天都不算太晚。」我想無論是和我姪子一樣的一歲幼兒，還是和長壽祖父一樣的九十九歲老人，都同樣希望活得比現在更好吧！「我想從『不舒服』的物品中畢業，讓身邊充滿自己覺得『舒服』的物品！」每個人一定都懷抱著這樣的想望。

無論你現在過著多滿意的人生，也不可能永遠保持在同樣的狀態。如果一直維持原狀，就代表你已經停止進步與成長，所以持續改變對人類來說是理所當然、而且是必要的事。

我認為不需要拚命保持現狀，因為接受逐漸改變的自己，思考如何才能變得更好，必定能夠開創更美好的未來。具體可行的方法，就是我在第三章提到的「重新檢視」。

與此同時，我希望各位也能愉快地持續練習天使的耳語，給予自己勇氣。只是以我的授課經驗來說，大家在研習會等場合做完天使的耳語練習後，多半都能信心滿滿，胸有成竹地回家；然而一旦回歸生活常軌後，這種勇氣十足的感覺卻難以為繼。這也是理所當然的事情。因為大家以前都習慣了「惡魔的耳語」，而且有時也會因為自己改變的速度太慢、看不到立即的效果而覺得不耐煩。但是為了成為更好的自己，我還是希望大家可以逐漸養成對自己說更多天使的耳語的習慣。

我在不久之前，曾成立「花三十秒閱讀就能獲得勇氣」的電子報，連續一百天都寄一句能帶給人勇氣的金句給訂閱的學員。

在第二〇二頁所刊登的，就是給予自己勇氣的一百則訊息。這些句子都極為簡單，但一定都是沉睡在你心中、一直等待出場機會、屬於你自己的「天使的耳語」。

希望這些話不管是在你意氣風發或是懷憂喪志時，都能帶給你勇氣，幫助你接下來的人生愈來愈美好。

「我能夠改變屋子、改變自己真是太好了！」願你能帶著發自內心的笑容，盡情享受能說出這句話的明天。

每日金句，
帶給自己勇氣的一百句話

(*^o^*) 我知道你總是很努力。

(*^o^*) 做得不完美才是剛剛好。

(*^o^*) 只要整理好這裡就行了！

(*^o^*) 你的笑容非常棒！

(*^o^*) 如果累了，也可以休息喔！

(*^o^*) 你可以誠實面對自己的心情！

(*^o^*) 焦躁代表你重視「讓你產生焦躁」的那件事。

(*^o^*) 你的雙親、兄弟姐妹、朋友，和身邊的人都深愛著你。

(*^o^*) 擁有歸屬感，遠比空間清爽、乾淨更重要！

(*^o^*)有時候也可以擁有獨處的時間。

(*^o^*)沒問題，總會有辦法的！

(*^o^*)整理乾淨，心情很好吧！

(*^o^*)當你無法露出笑容時，那一定也是很重要的時候。

(*^o^*)今天都發生了那些事情呢？你看，你做了很多事吧！

(*^o^*)我做得很好呢！

(*^o^*)因為失敗，才有機會成長。

(*^o^*)抬頭挺胸、大步向前的我超帥氣的！

(*^o^*)感謝我的身體一直以來的支持。健康真好！

(*^o^*)你可以做得更好！

(*^o^*)真正的朋友，即使是已讀不回時，彼此也依然是相互關心的。

(*^o^*)我永遠都是你的夥伴。

(*^o^*)碗丟著沒洗也無所謂吧？

(*^o^*) 只要「焦躁」這件事能讓我產生自覺就夠了。

(*^o^*) 粗胖的大腿，圓滾滾的肚子，這些都沒關係啦！它們全都是我的一部分。

(*^o^*) 你能夠面帶笑容打招呼了呢！真是太棒了！

(*^o^*) 讓我們逐步完成現在做得到的事情吧！

(*^o^*) 很好，我的觀察力愈來愈敏銳了！

(*^o^*) 願意挑戰新事物的你最棒了！

(*^o^*) 「開始動手吧！」光是能這麼想就已經很了不起了。

(*^o^*) 今天該穿什麼衣服已經決定好了。

(*^o^*) 讓努力的自己，充滿自信吧！

(*^o^*) 好棒，趕上了，完成了，安全上壘！

(*^o^*) 你一定做得到，沒問題的！

(*^o^*) 你可以好好珍惜自己覺得寶貴的東西。

(*^o^*) 不丟掉也沒關係。

(*^o^*) 你發現究竟是什麼原因讓自己不愉快了吧？光是這樣就是往前邁進了一大步！

(*^o^*) 就算答案不如所願，能問出口的你還是很了不起！

(*^o^*) 很好，你在固定的時間出門了！

(*^o^*) 在同樣的車站、同樣的地方、和同樣的人做同樣的事，能夠做到這點的我很好！在不同的車站、不同的地方、和不同的人做不同的事，這樣的我也很棒！

(*^o^*) 亂七八糟的房間，就是活著的證據。

(*^o^*) 你可以放心地煩惱。大膽試試看吧！

(*^o^*) 不管是什麼樣的我都很棒。

(*^o^*) 你的感受才是最重要的。

(*^o^*) 能吃到美味的食物，很幸福吧！

(*^o^*) 覺得自己還不夠好，就是想有所成長的證據。

(*^o^*) 你不需要總是當好人。

(*^o^*) 帶著既興奮又期待的感覺前進吧！

(*^○^*) 你可以帶著笑容，坦然地面對現實！

(*^○^*) 自己的做法和別人不一樣也沒關係。

(*^○^*) 只要覺得「我想做！」就一定做得到！

(*^○^*) 如果累了，就休息一下，充個電吧！

(*^○^*) 你的未來一片光明。

(*^○^*) 所有一切一定都會順利的。

(*^○^*) 你的家就是你的歸屬。

(*^○^*) 你家裡的物品，全都是你的夥伴。

(*^○^*) 你的存在，對別人是有幫助的。

(*^○^*) 請相信自己決定的道路！

(*^○^*) 溫柔的笑容能為周圍的人們帶來力量。

(*^○^*) 當原因太多而令你搞不清楚時，就從現在、從當下開始思考吧！

(*^○^*) 人有百百種，所以這個世界才有趣。

(*^o^*) 就算和別人的想法不同，你還是可以重視自己的意見。

(*^o^*) 你，擁有很大的可能性！

(*^o^*) 不要吝惜說「謝謝」、「多虧有你」，請別人幫忙也沒關係。

(*^o^*) 我，加油囉！

(*^o^*) 失敗，代表你曾經挑戰過。

(*^o^*) 失敗，代表你遇見了新的挑戰。

(*^o^*) 不要急、不要慌，一步一步往前進。

(*^o^*) 今天的我也很努力。

(*^o^*) 你一年比一年棒。

(*^o^*) 你變得愈來愈好了！

(*^o^*) 你可以不和別人比較，但如果和別人比較也沒關係。

(*^o^*) 和以前相比，你成長了很多不是嗎？

(*^o^*) 你把時間花在照顧身體上了嗎？

(*^o^*) 你不需要獨自默默努力。

(*^o^*) 往上伸展——抬頭挺胸。好，現在就開始做吧！

(*^o^*) 不論何時，都是我很喜歡的時刻。

(*^o^*) 請愛這個「躲在藉口背後」、脆弱的自己。

(*^o^*) 你正確實地往前行進！

(*^o^*) 感謝一直支持我的家人！

(*^o^*) 擔心、不安、焦慮、悲傷，這些都是我重要的情感。

(*^o^*) 真實的自己真的很棒！

(*^o^*) 活得輕鬆快樂不是很好嗎？

(*^o^*) 不管別人怎麼想都無所謂。

(*^o^*) 我活得堂堂正正的。

(*^o^*) 說說喪氣話也無所謂吧？

(*^o^*) 感謝被生下來的自己。

(*^o^*) 享受初次的怦然心動吧！

(*^o^*) 所有的時機都是最佳時機！

(*^o^*) 不想成為了不起的人也沒關係。

(*^o^*) 關於你的成長與貢獻，物品會告訴你，

(*^o^*) 沒問題、沒問題。絕對沒問題！

(*^o^*) 不用急，在不久之後一定能看見結果。

(*^o^*) 對於不喜歡的事情，就直接說「不喜歡」。

(*^o^*) 試著大膽表達自己的心情吧！

(*^o^*) 首先，請給自己勇氣！

(*^o^*) 我在愛中成長茁壯。

(*^o^*) 算了，別再煩惱了！相信所有一切都會順利的！

(*^o^*) 我有最棒的家人、還有最棒的同伴！

(*^o^*) 大家都會繼續為我的未來加油的！

Chapter 5

透過整理，
給予全家人勇氣

整理，是家人間的磨合，也需要溝通的勇氣

我常在研習會等場合中說：「整理就是不斷地下工夫」。我的意思不是「非得這樣做或那樣做不可」，因為其實不論怎麼做都行，只要你自己覺得舒服就可以了。

正因為如此，察覺自己的情緒，更是整理時的重要作業。如果你失敗了，就重新坦誠地面對自己最真實的「舒服」與「不舒服」，並再次努力。

但是，如果有家人參與其中，整理的過程就會再稍微辛苦一點。因為即便只是整理物品這一個步驟，每個家庭成員也都有不同的價值觀，自然也會意見相左。

有人因為「這是媽媽給我的東西，所以不能丟」；有人覺得「這是我從小用到大的東西，所以不能丟」；也有人認為「這是孩子的作品，所以不能丟」……等等。而能夠整理這些物品並決定其去留的，只有所有者本人。

如果是收納或收拾，也不是不能假手他人代為進行，譬如「這樣做會比較乾淨、這樣做會比較容易收拾，讓我來幫你吧！」但只有「整理」是任何人都無法替代的作業。

所以家人之間「舒服」與「不舒服」的磨合，就是給予勇氣的溝通，讓彼此達成共識，而這是個非常重要的相處課題。

整理不是「我說了算！」，與家人建立橫向的分工合作關係

阿德勒心理學認為，「橫向關係」是所有人際關係當中的最佳狀態。所謂的橫向關係，就是接納彼此差異，以對等的態度對待，而非以階級高低、地位上下形成的縱向關係，則會產生壓力、操控、不快樂的人際關係模式。

如果能與對方保持彼此尊重、互相信賴、相互協調的橫向關係，最後所有的一切都能運作得比權力導向的縱向關係更為順利。

但人們在成立家庭之後，往往會在不知不覺間產生「如果一切都能由自己主導會比較輕鬆」的想法。以前的我就是如此。

我在本書一開始曾提過，焦躁是我們給予自己的訊息，它能幫助我們察覺

自己真正的想法。但焦躁還有另一個目的，那就是想要「支配」對方。我們因為希望對方能照著我們的想法行動，所以才會感到焦躁。

以往在我感到焦慮不安時，也深信無論收拾也好，收納也好，「如果每個人都能照著我決定的方法做，大家一定都會很輕鬆。」甚至強迫家人接受這個想法。而且我也在不清楚對方情緒的情況下，擅自決定物品擺放的位置，甚至偷偷丟掉家人的東西。因此，常不斷引發爭執，被強迫配合的家人也必須看我的臉色過日子。在這樣的家庭裡過生活，是不可能放鬆的，而且也會讓家人間的信任關係產生裂痕。

相較之下，採取橫向關係，以互信互重為基礎進行溝通，詢問家人的意見：「我的想法是這樣。那你覺得呢？」、「我不知道你想怎麼做，所以希望你告訴我。」這樣的方式不僅清楚明瞭，也能節省時間。

我至今觀察過許多家庭，發現窗明几淨、井然有序的家可分為兩種。一種是家人之間溝通順暢，也能分工合作進行整理的家庭。另一種是家中會有某位主導者（就像過去的我一樣），總是發號施令大喊「快給我整理！」其他成員為了息事寧人，只好不情不願聽命行事的家庭。

而且在高壓權威之下，家人會更不想整理，因為深怕一個不小心，就觸犯了那位獨裁支配者所立下的規矩。結果家中的主導者就更必須努力獨自整理，陷入孤軍奮戰的惡性循環中。

同樣都是整理乾淨的狀態，但前者的家庭成員建立的是橫向關係，後者則是上下關係。阿德勒勇氣整理術的目標是要讓家人之間能夠以同理心、尊敬與信賴的態度對話，指的就是建立橫向關係的家庭。

譬如，我家在剛開始將阿德勒心理學融入整理當中時，就經常全家一起圍著餐桌，討論大家想把屋子變成什麼樣子。

結果發現，四個人都有不同的想法與期待。老公因為老家很擠，所以希望住在「寬敞的家」。大女兒偏愛日本風，所以想要有「和風」的氛圍。小女兒喜歡粉紅色或公主風的「可愛」空間。我則偏愛「能夠迅速完成家事的機能性住家」。

於是我們透過橫向關係彼此磨合，互相討論該怎麼做，最後決定各自負責的部分，而這也成為各自的責任。

小女兒喜歡可愛風，所以負責將在幼稚園製作的彩色溶液、勞作等她覺得可愛的物品，依序排列陳設。大女兒則負責擺放苔玉球、暖爐桌，或其他與和風主題相關的季節性擺飾。老公因為想要寬敞的空間，所以負責收拾家人會隨手扔在地板上的包包、衣服，好讓地面零雜物，空出更大的位置。

至於認為做家事的機能性最重要的我，則是能依照自己使用的方便性，整理廚房與盥洗室等地方。

這麼做之後，就遠比過去採取上下關係，只有我一個人努力整理的時候輕鬆多了。這是因為每個人都能抱持著「我能夠為家人的幸福做些什麼？」的想法採取行動，所以家裡的每一份子都能愉快地做出貢獻，也會更具有向心力。

家中的整理，就是全家人反覆溝通，直到自己與對方都覺得OK為止。

請各位在整理之前，一定要試著空出一段能夠一邊愉快對話，一邊透過橫向關係傾聽彼此想法的討論時間。

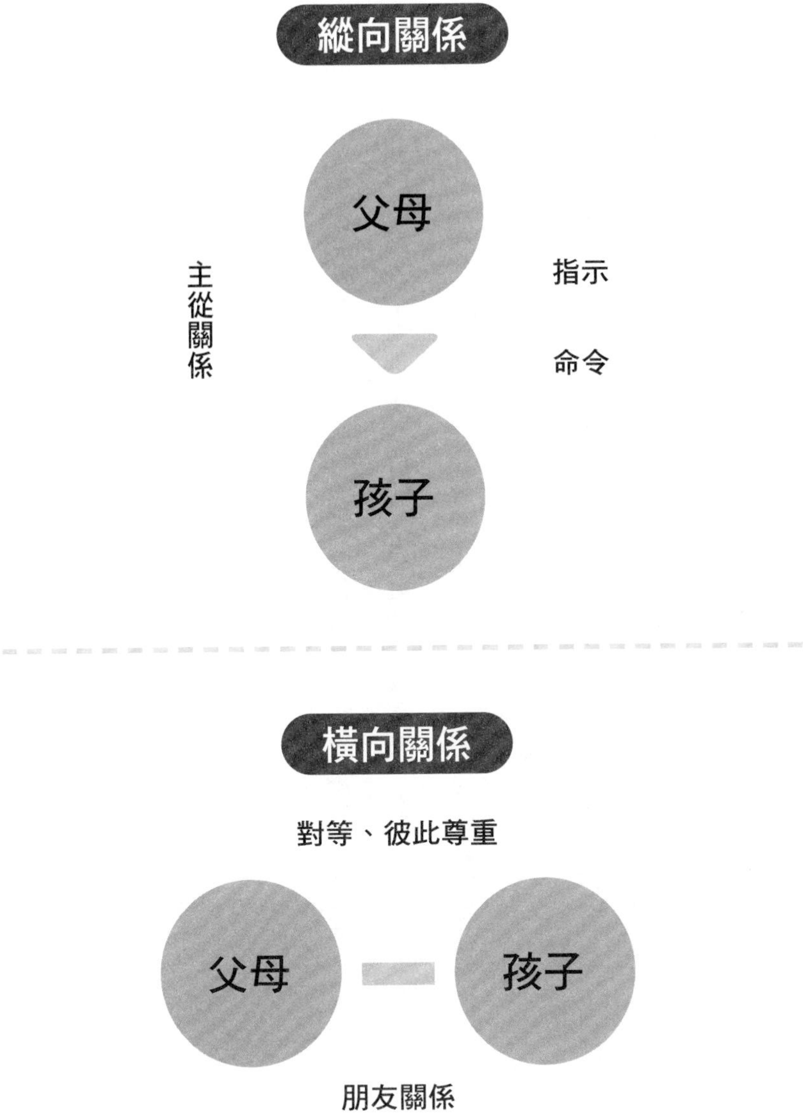

※ 節錄自 HUMAN GUILD 開發的「SMILE」（愛與勇氣的親子關係講座）講義

孩子整理房間後，不要說「你好棒！」，而是說「你把桌子收乾淨了呢！」

當孩子幫忙整理時，你會總是鼓勵他「真了不起！」、「你好棒！」、「真的好厲害喔！」，而期待他做得更多；或是用「哎呀真難得，你竟然會整理」、「明天也要像這樣好好整理才可以！」，像這樣反諷或對他施壓呢？

其實無論是稱讚還是施壓，都會帶來不良的影響。

大家往往會以為稱讚是件好事，但稱讚其實是在對方的行動滿足自己的期待時，給予其評價或犒賞。換句話說，稱讚是站在高高在上的位置所說出來的話，這樣的人際關係是「上對下」的關係。所以被稱讚的人也可能接收到被小看、被藐視的訊息，這些表面上看起來是讚美的話語，其實和責罵、批評的性質是完全相同的。

你愈稱讚，孩子可能愈會覺得自己似乎該對父母言聽計從，當孩子不願再回應父母的期待，不想再背負任何責任時，會逐漸認為「會整理的孩子才是好孩子吧」、「反正總是亂七八糟的孩子就是沒用的孩子」，於是開始反抗，故意把東西亂丟，最後放棄整理。

至於因為期待被稱讚而進行整理的孩子，會讓孩子之後做事都是為了獲得別人的誇讚和好評，而非出於自己的意志與判斷。也就是說，在得不到稱讚的情況下，孩子就不願再整理了；而且他們整理時總是會在意大人的看法，沒有自己的原則與標準，變成只會照著父母所說的方式整理。最後他們可能會一直詢問爸媽，仔細確認「這樣可以嗎？」、「你覺得我做得好嗎？」，或是討拍地誇耀「你看你看，我整理好了耶！」，甚至完全相反地，變成自律甚嚴，在維持整潔上絲毫不敢懈怠的孩子。

那麼，給予孩子勇氣又會是什麼樣的狀況呢？

平常就透過橫向關係獲得勇氣的孩子，不會將得到稱讚當成整理的目的。他們會成為不在意別人的眼光、能夠給自己勇氣、依照「我想要像幫助別人那樣幫助自己」這種想法進行整理的孩子。這樣的孩子即使失敗也不會擔心被斥責，因此整理時能夠自動自發且輕鬆地進行。

所以，如果想讓孩子養成整理的習慣，就不要稱讚他，也不要責罵他，而是要給他勇氣。除了把焦點放在「你把電車放回去了呢！」、「你把桌子收乾淨了呢！」等具體完成的事情外，也要聆聽孩子整理的心得或是遇到的難題。光是知道父母關心自己，他就已經獲得充分的勇氣。

在孩子無法做好整理工作時，也要容許他的失敗，因為無法容許孩子失敗，便無法帶給他勇氣，父母要將「你一定沒問題的！」、「我會幫你加油！」、「我覺得你很重要！」的心情，用言語表達出來。獲得支持的孩子，就逐漸能夠開始主動整理。

「不要稱讚，也不能斥責，而是要給予勇氣。」這個原則在面對大人時也完全相同。

理想的家，是整合全家人想法後所打造的

我的屋子裡，掛著我很喜歡的民族風月曆，地上擺著暖爐桌，桌子旁邊放著老公喜愛的直線條簡約風電視，電視機上方，則擺放著小女兒最心愛的、裝有彩色溶液的寶特瓶。

如果要形容我家的風格，絕對不會用時尚、摩登等這些與流行沾得上邊的語彙。但是看似毫無章法的擺設，卻匯集了每個家人心儀且感覺舒服的物品。這是一個具有多元風格的居家，也充滿舒適的氛圍。

獨居者的家，自己就是主角；但全家人的家，每個人都是主角。

這樣的家，空間裡有植物、有玻璃、有白色、有藍色；就室內設計的角度

而言，或許不是特別時尚，也不令人覺得驚豔，但隱身其後的價值觀，卻非常統一、協調。

我認為這麼做能夠打造出獨一無二的理想住屋，也充分融合全家人的風格喜好。而要打造出這種統一、無違和感空間的基本原則，依然是覺得舒服與否的情緒，以及帶給人勇氣的溝通方式。

如果只有你一個人檢視焦躁的部分，獨自想像理想的生活型態與理想的行動，這對家庭的整理工作來說是不夠的。必須尊重每位居住者的意見，想像全家人理想的生活方式，讓大家產生「我們是一家人」的向心力才是最重要的。

來聽我演講的聽眾多半是母親。當我問她們「妳們想在家裡做什麼？」時，有七、八成的人會告訴我：「我想在家人都外出時，一個人在家獨自悠閒地享受下午茶。」當然，對母親來說，獨處的時間非常重要。但如果只有一個人獨處時才能享受偷閒的愉快，那麼當孩子邊大喊「我回來了！」邊走進家門時，就會一下子從天堂墜入地獄，覺得無處遁逃，這樣就太哀傷了。

所以我希望凡是和家人及伴侶同住的人，在進行第二章的「想像」步驟時，都能全家人一起坐下來好好討論一番，父母也不要把自己的想法強加在孩子身上。而且，更不需勉強自己迎合世俗的價值觀，認為只有一團熱鬧、把所有人都「綁在一起生活」的空間設計方式才是好的。

愛的任務是人生最困難的課題，但牽絆的感覺也會讓人幸福

阿德勒心理學認為：「人類所有的問題都是人際關係引起的。好的人際關係是能夠讓人感受到牽絆的關係。而這種牽絆的感覺，能夠帶給人類幸福。」

全家人的整理與獨居者的整理相比，確實會因為物品隨著人數增加，而變得比較麻煩，但也會加深情感的羈絆。**所以全家人的整理雖然是整理工作中的高級進階版，卻也能體會到強烈的幸福感受。**

阿德勒心理學認為，人生的各個階段都有必須面對的課題，稱為「人生任務（life task）」。大致可以分成三類，分別是「工作的任務」、「交友的任務」、「愛的任務」。其中，「工作的任務」最簡單，「愛的任務」最困難。

整理也一樣。事實上，在整理的課題中，最困難的也是與伴侶及家人一起生活的「愛的任務」。

所以，我希望現在正為了家人的整理問題而感到焦躁煩惱的人，務必給予自己勇氣，告訴自己：「我現在正準備處理最困難的『愛的任務』，因此犯錯、摸索都是理所當然的事情。這是最高難度的課題，正在進行的我非常努力，也非常了不起。」

適度協助不干涉，讓孩子完成自己的整理課題

「交給家人，從旁協助」是與家人建立橫向關係，讓家人成為整理主角的技巧。

我家也一樣，從前我會站在掌控者的角度，一一干涉孩子們該如何整理玩具：「這個要留？還是不要留？」、「這個你已經沒在玩了吧？」、「不要拿出來就丟在那裡！」那時候我總是懷著焦躁的心情，把自己的想法強加在孩子身上，試圖掌控他們的整理方式。

但是，當我學會對她們說：「媽媽也搞不清楚哪些是妳們重要的東西，所以妳們自己決定吧！」將整理的任務交給她們，並且只有在她們真正遇到困難

的時候，才給她們建議之後，我自己也能利用這段空檔準備晚餐，或是稍微鬆口氣去忙自己的事情。

這種方法在阿德勒心理學中稱為「課題的分離」，能夠改善人際關係。換句話說，我們必須站在「這是誰的課題？」的觀點，將自己和他人的課題切割開來，釐清責任最後會落到何者身上，帶來的後果要由誰承擔，然後不要干涉別人，也不要讓別人干涉我們。這在家人的整理中，讓彼此都能覺得更舒服的一大重點。

我也告訴來找我諮詢的人，請孩子整理的時候，頂多只要對他說：「你自己試試看，有問題再跟我說。」給予他們獨力解決問題的機會與勇氣。剩下的工作就交給孩子處理，父母則在一旁檢視與協助。

孩子原本就很喜歡天馬行空地進行各種奇想，往往能想出大人意想不到的方法。所以請把重點擺在他們的創意與發想，並允許他們失敗，協助他們從不斷地嘗試中成長。

附帶一提，我認為孩子在自我開始萌芽的兩歲左右，就能做出「要」或「不要」的判斷了。

建立橫向的平等關係，就從說「請幫我」和「謝謝你」開始

我在舉辦「學習給予勇氣」的講座中，常有人提到「我一直以來都是在上對下的關係中成長，所以無法理解橫向關係。」或是「這樣好像把孩子捧得高高的，覺得很不習慣。」

的確，很多人無論在學校、社團、公司還是夫妻之間，建立的都是縱向關係，也為人際關係而煩惱著。

縱向關係是會依據某個標準進行評價的關係。像是在職場裡，許多人應該都碰過被上司指責，而覺得自己很沒用，是個魯蛇，所以隨時處在壓力中，神經緊繃著。這樣的生活是很辛苦的。

至於橫向關係，如果想成是與知心好友間的互動，就很容易理解。這種關係，就像你與對方保持剛剛好的距離，不會彼此強迫，能設身處地為對方著想，在體貼中進行對話，欣然接受對方的提議，有時也能拒絕對方的要求。橫向關係就是這樣的夥伴關係。我覺得只要說一句「請幫我個忙」與「謝謝你」，就能將上下關係轉變為橫向關係。

曾經，我拋棄自尊，放下身段，無助地向家人求援：「我無法一個人保持屋子的整潔！請你們幫我。我很需要你們！」自從我學會放手之後，才開始感受到家人是「夥伴」，是可以依靠的存在。

「請幫我」這句話彷彿承認自己是軟弱無能般，所以我記得自己需要很大的勇氣，才能把這句話說出口。但這種求援與示弱也代表著信任，讓我可以把自己最柔軟的部分向家人敞開，讓別人感覺自己的感受，也讓自己感受別人的感覺，進而讓家人之間的關係更親密。

家人間的合作，可以用各自專擅的才能分工，也可以利用不同的空間類型做區分。舉例來說，如果老公對將物品收納整齊很有一套，可以讓老公負責收納，自己負責打掃。又或是有人負責整理客廳，另一人則負責打掃浴廁等。

但即便分工之後，也不能將別人的付出視為理所當然，用「謝謝你」這句話表達感激之情也很重要。這麼一來，提供幫助的一方，不但能體會被感謝的喜悅，也能獲得「我也可以幫得上忙」的貢獻感，感受到自己的價值，進而信賴自己，也學會信賴別人。

你的一句話，就能建立橫向關係。請務必拿出勇氣，試著對家人說「請幫我個忙」與「謝謝你」。

關注孩子已經做到的部分，就是幫助他們心生勇氣

我在前面的第四章提過，「因注意而強化」能夠給予自己勇氣，這點在面對家人時也一樣。愈是注意家人能做到的事情，就算你不三令五申、耳提面命，他們也會主動且持續地採取行動。

舉例來說，當你注意孩子完成某件事，並對他們表達謝意，像是：「謝謝你把睡衣放到洗衣籃裡」、「你能夠自己倒水，幫了我很大的忙喔！」，這樣孩子聽了也會覺得開心，能主動做到事也會愈來愈多。因為光是注意並認同孩子「做到」的部分，就能給他莫大的鼓勵。尤其小孩子總是天真坦率地希望引起大人的關注與稱讚，所以，愈小的孩子愈容易產生變化。但是，很多人都在

無意識間做出相反的事情。

來找我諮詢的人當中，愈是熱衷於教育孩子、個性認真的媽媽，就愈會抱怨：「我家的孩子根本不會整理。就算叫他整理，他也只是把餐桌上的玩具丟進房間的箱子裡，讓餐桌變乾淨而已。」

換句話說，他們每天持續關注、強化的不是孩子「已經做到的部分」，而是「沒做到的部分」。但我認為，像是在上面的例子中，其實這個孩子已經充分完成媽媽的要求了。光是他能按照媽媽說的把玩具放進箱子，就是個聽話的乖小孩了。

我過去也曾和這類只看缺點、不看優點的母親一樣，所以非常了解她們的心情。在此，請這些媽媽**日後務必先注意孩子做到的部分，告訴孩子「你有進步，做得比以前好很多喔！」稱讚蛻變後的他**。

如果還是很在意被丟了一地的玩具，請告訴孩子：「我希望可以再稍微整理得仔細一點，這樣會更整潔，你覺得呢？」透過「課題分離」的方式，磨合彼此的「舒服」與「不舒服」，這麼一來，一定能達到對彼此都覺得舒適的整理效果。

用「我」當主詞，取代命令的口氣，表達請託與情緒

當我們與家人意見不同時，如果一直隱忍著不表達，最後可能會在某個時間點突然爆發。所以，我們要試著適時傳達自己的感覺，例如：「我是這麼想的」、「我討厭這個」、「我有點失望」、「我覺得這麼做比較好」。但為了避免打擊對方的勇氣，在表達的時候還是要委婉地用些技巧。

舉例來說，不要使用類似「應該」、「必須」這類絕對而果斷的字眼，譬如：「襪子應該擺在這裡」，強迫對方接受你的標準，而是真誠地透過第一人稱傳達你的心情，譬如：「『我』覺得襪子放在這裡會比較方便」，又或是尊重對方的情緒，用請託的語氣拜託他：「『我』想把這個放回去，可以請你幫

忙嗎？」

這麼一來，既不會有勉強他人行事的咄咄逼人，對方會覺得受到尊重，以真誠的情緒回應；你的心態也會變得從容，認為「我已經充分表達自己的情緒，之後責任就各自歸屬，把決定權交給他，不加以干涉吧！」因為表達了自己的情緒之後，決定要將襪子收起來還是維持原狀，就是對方的任務了。

而且，對彼此的行為感到焦躁，或是只有單方面忍耐的情況都會減少，支配或依賴的關係也會逐漸減輕，進而建立彼此尊重、互相信賴的橫向關係。

用溫暖的話語，化解家人不願丟東西的防衛心

我想各位都聽過伊索寓言中的北風與太陽。這是北風與太陽比賽的故事，他們打賭誰能先讓村民把衣服脫掉，誰就獲勝。

北風呼呼地吹著刺骨寒風，但村民不但沒把外套脫掉，反而把大衣抓得更緊。相反地，太陽則用溫暖的陽光照耀著，結果人們覺得熱就把衣服脫了。

面對無法丟棄物品的家人，我們也要像故事中的太陽一樣，讓他沐浴在會感受到溫暖的勇氣中。

許多來找我商量的委託人，也常提到要家人將物品減量時，所產生的摩擦

與爭執。譬如太太想要整理，但老公卻完全不想丟東西；或是因為不願意丟根本不會再穿的衣服或鞋子而被老公罵一頓；又或是孩子東西亂丟亂放，要他們整理，但孩子卻堅決不從。

如果你希望家人能在意或重視你的意見，不妨改變你的表達方式，並站在同理的立場，設身處地為人著想；而不是毫不退讓，也不願改變，只一味地命令或指責也有自己想法的對方。

因為當我們聽到與自己相左的意見時，通常會認為自己被批評、被誤解，而覺得心裡不舒服，進而產生情緒反應，或以言語、行為做出反擊。同樣地，當人們聽到「這個已經用不到了吧？快丟掉！」的時候，則會覺得自己的東西不受重視，甚至感覺別人似乎是在對自己說「你很礙眼！」一樣。

當家人擁有難以捨棄的物品時，請站在對方立場揣想：「這個東西對他來說應該很重要吧？」，接著再用第一人稱試著提出請求：「如果房間擺了這麼多東西，會讓人覺得很擁擠。我不知道對你來說什麼是重要的東西，可以告訴我要保留哪些東西，需要多少空間才夠嗎？」並且也要不斷跟對方表達：「有你在，真的幫了我很大的忙！」等能給予他勇氣的話，直到他的內心變得果敢堅強，對無用的物品能勇敢捨棄。

我有一位委託人的老公，是業餘無線電的愛好者，他在原本空間就不大的家中，把兩個房間都改造成無線電台。她老公或許是想藉此強調「我也住在這裡！」有宣示主權的意味。煩惱的太太前來找我商量，於是我請她透過言語帶給老公勇氣，並且建立橫向關係。據說她採用這個方法之後，老公只花一個晚上就將無線電台減少成一間了。

隱藏在焦躁背後，是寂寞、不安、擔心、失望的情緒

即便想要使用第一人稱委婉傳達心情，有時首先冒出來的仍會是焦躁的情緒。對於無法做好整理工作的自己感到憤怒；又或是即便自己整理好，家人還是會搞破壞，把東西亂丟一氣。

但請你等一下。這些焦躁與憤怒，其實不只是單純的焦躁與憤怒，因為這些都是「二次情緒」。我們心裡會先有寂寞、不安、擔心、失望等一次情緒，才會透過焦躁與憤怒表現出來。**也就是說，讓你開心與難過的部分並不是那件事情本身所引起的「一次情緒」，而是你心裡給自己的「二次情緒」，引起了開心或難過的情緒。**

「原來這不是單純的焦躁，背後還隱藏著我真正的情緒。」像這樣，察覺隱藏在焦躁與憤怒背後的「一次情緒」，就能更清楚地掌握焦躁的徵兆。

我也會請來找我諮詢的人，從以下六種情緒當中，挑出造成焦躁的一次情緒。

擔心、不安、焦慮、寂寞、悲傷、沮喪。

你現在的焦躁背後，隱藏著什麼樣的情緒？

譬如自己總是卯足全力地打掃，但卻連老公一句「妳辛苦了」的稱讚也得不到，因此覺得落寞；或是因為孩子的東西總是雜亂無章，但孩子卻不理解做媽媽的苦心，因而覺得失望，也擔心這樣壞習慣會不會到他們大了還是改不過來。

我過去也一直覺得「生氣、焦躁的自己很沒用」，但阿德勒心理學讓我了解到，自己真正的情緒不是單純的憤怒，而是寂寞、擔心，背後還隱藏了自己「現在很擔心」或「現在很失望」等一次情緒，自此之後，我的焦躁與憤怒程度就逐漸減低，也不會再自責了。

焦躁成為我的夥伴，讓我不再勉強壓抑自己，也能控制自己的情緒，我很喜歡現在的自己，也能在生活中真實面對自己的情緒。

也請你像這樣，學習察覺自己隱藏在焦躁背後的真實情緒與心情吧！

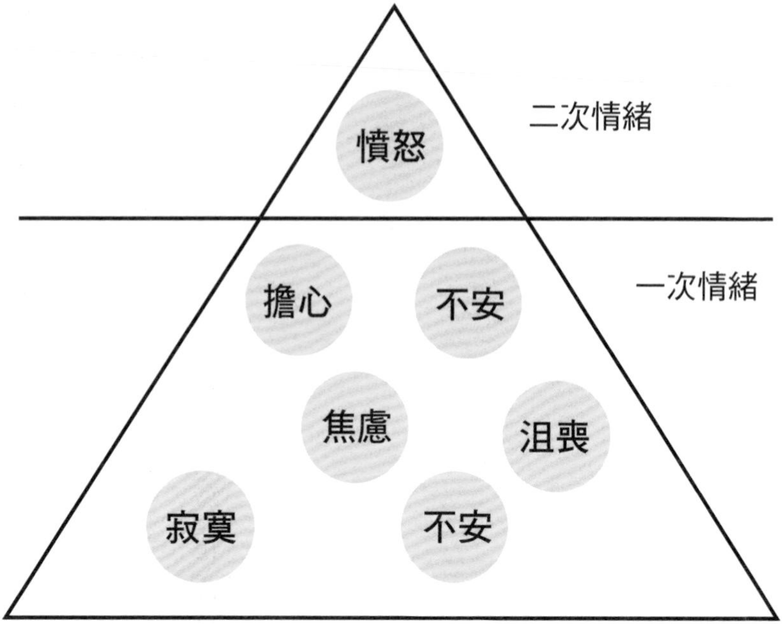

※（有）節錄自 HUMAN GUILD 公司開發的「ELM 給予勇氣」課程講義

想給予家人勇氣，要先增強自己的勇氣

我發現透過整理能帶給自己與家人勇氣，至今已七年有餘，在這段期間，我也對超過七百五十個家庭進行演講，每天都親身感受到美妙的效果。

只要進行整理，就能消除焦躁感，提升自己與全家人的向心力。更重要的是，每個人也會覺得自己的行動這個家有所貢獻，自己是有價值的，因而能擁有勇氣。家人臉上也會總是面帶笑容，願意與自己站在同一陣線，所以大家會更滿懷期待，朝著美好的明天勇敢邁出步伐。我覺得這樣的人生真的很幸福。

給予家人勇氣的重點，基本上和我在第四章提到的，給予自己勇氣的重點相同。

雖然課題分離、建立橫向關係需要花點心思，但只要注意家人已經做到的部分，在言談間不要打擊對方的信心，而是持續對他說一些聽了會開心、也能獲得勇氣的話語。

就具體的例子來看，第一九三頁那些「惡魔的耳語」就是打擊勇氣的話，無論對自己或是對家人都要極力避免。相反地，第一九六、一九七頁那些「天使的耳語」、或是第二〇二頁至第二〇九頁所寫的那些「給予自己勇氣的一百句話」，每天都要對自己與家人說。

只要能做到這些，不只自己，每位家人也都會逐漸獲得自信，進而建立一個勇敢的家庭。這麼一來，就能達成阿德勒心理學認為人生最高難度的課題——「愛的任務」。不僅自己的家庭獲得幸福，也能建立擴及至整個社會共同體的幸福。

阿德勒勇氣整理術就是我所想到，是最簡單能達成上述這一切的實踐方法。全家人都能透過想像、整理、收納、收拾、打掃、重新檢視這六個步驟，給予彼此勇氣，在愉快、不焦慮的情況下勇往直前。等待在前方的，一定是超乎你們現在所能想像、歡欣雀躍的明天，以及屬於你們的舒適居家！

結語

感謝各位讀到最後。

各位對於透過整理，實踐阿德勒心理學理論的阿德勒勇氣整理術，有什麼樣的感想呢？

我在第一章整體論的說明中，提到了油門與剎車。當你朝著自己最重要的目的，巧妙地控制自己的油門與剎車，就能順利而自在地過著自己的人生。

整理也是一樣的道理。你在保持房間的整潔時，也要巧妙地控制油門與剎車。如果猛踩油門，會一直覺得「不整理不行！」、「不丟掉不行！」，汽油總有一天會見底，讓動力全失。當你精疲力盡的時候，會發現東西已然塞滿整間屋子，整理後又再變亂也只是遲早的問題，屋子沒多久就會恢復原狀。

整理是終其一生的作業，因此需要續航力。只要像開手排車一樣，配合自己當下的狀態換檔，一邊享受風景一邊前進就可以了。如果覺得累，就暫停路邊或開進停車場，熄火稍事休息。如果對於照著這樣的步調持續丟東西而感到不安，或覺得疲累，也可以換成低速檔，悠閒地、一點一點地整理。要是覺得「我其實想要快點整理完畢！」那也可以朝著終極目標，以高速檔前進。或許也有人會為了變換方向，而想切換成倒車檔。

現在，讀完這本書的「此時、此刻」，就是切換排檔的時機！只要是你的選擇，任何速度都可以。我期望讀了這本《阿德勒勇氣整理術》之後，能讓你暫時排除雜念，只把心思放在自己身上，選擇適合自己的整理方式。

讓我們朝著歡欣雀躍的未來，打造出能夠依照你的步調、實現你夢想的居家空間吧！

豎起天線、打開偵測雷達，感受自己的情緒，給予自己勇氣，讓全家人都能和樂融融，愉快地生活。如果能夠懷著彼此尊重、互相信賴的態度，重視對方所關心的事情，不僅能夠打造視覺可見的整潔居處，也能讓你擁有打從內心覺得安穩的歸屬感。

但是，為了讓整理工作進行得更順利，請不要毫無章法地盲目變換物品的擺放位置，而是要參考六個最佳步驟按步就班前進。

活用阿德勒心理學進行整理，不僅能夠成為自己的盟友，家人也會變成夥伴，就連你的房屋都會為你加油！你一定能夠擁有這樣的生活。

我在育兒受挫時，只憑著自己的感覺實踐的阿德勒整理術，終於在許多人的幫助下集結成書。我深深覺得如果只靠我自己一個人的力量，是絕對無法完成這些內容的。

感謝我的責任編輯谷英樹先生、藤原理加小姐，引導出我說出無法順利用言語表達的想法；感謝HUMAN GUILD公司的岩井俊憲老師、Hearty Smile的原田綾子老師，教導我阿德勒心理學；感謝商業書籍作家水野俊哉先生，給了躊躇不前的我勇氣；感謝JAPO（日本專業整理師協會）的講師吉島智美老師、磯谷富貴子老師、橋口真樹子老師，在整理的事業上給我諸多幫助；感謝我在講座時遇到的委託人，和我分享整理及日常生活的體驗，還有任何時候都用溫暖守護我的各位學習夥伴，真的很感謝你們。

此外，寫這本書時，麻煩最多的就是家人了，我也完全沉浸在他們給我的愛與關懷中。

不擅長做家事的老公，不知不覺間就能超熟練地完成所有家事，讓我可以很放心地把家務交給他，真的很感謝他。女兒們也說：「我們想幫媽媽的忙！」這樣的話我不知已聽了多少次。日漸長大的女兒也愈來愈貼心，讓我無後顧之憂。

我在進行這本書時，也再次感受到自己是在勇氣中成長。更由衷感謝指點我阿德勒心理學的母親，以及不斷鼓勵我說「妳一定沒問題！」的父親。

我藉由挑戰完成這本書，跨出了新的一步。請你也和我一樣，跨出邁向美好未來的第一步吧！

我由衷期望你也能找到對你來說剛剛好的整理。

二〇一五年十二月

給人勇氣的居家整理師　丸山郁美

人生顧問272

阿德勒勇氣整理術：擺脫焦慮，別再責怪自己，也不遷怒家人，讓空間與人生都變美好的整理魔法

作　　者—丸山郁美
譯　　者—林詠純
主　　編—李宜芬
責任編輯—郭香君
執行企劃—張瑋之
封面、內頁版型設計—比比司設計工作室
董 事 長—趙政岷
總 經 理—趙政岷
總 編 輯—余宜芳
出 版 者—時報文化出版企業股份有限公司
10803台北市和平西路三段二四〇號四樓
發行專線—（〇二）二三〇六—六八四二
讀者服務專線—〇八〇〇—二三一—七〇五
（〇二）二三〇四—七一〇三
讀者服務傳真—（〇二）二三〇四—六八五八
郵撥—一九三四四七二四時報文化出版公司
信箱—台北郵政七九～九九信箱
時報悅讀網—http://www.readingtimes.com.tw
法律顧問—理律法律事務所　陳長文律師、李念祖律師
印　　刷—盈昌印刷有限公司
初版一刷—二〇一七年九月二十二日
定　　價—新台幣三〇〇元
（缺頁或破損的書，請寄回更換）

時報文化出版公司成立於一九七五年，
並於一九九九年股票上櫃公開發行，於二〇〇八年脫離中時集團非屬旺中，
以「尊重智慧與創意的文化事業」為信念。

國家圖書館出版品預行編目（CIP）資料

阿德勒勇氣整理術：擺脫焦慮，別再責怪自己，也不遷怒家人，讓空間與人生都變美好的整理魔法 / 丸山郁美著；林詠純譯. -- 初版. -- 臺北市：時報文化，2017.09
面；　公分
ISBN 978-957-13-7113-9（平裝）

1.家庭佈置　2.生活指導

422.5　　　　106014381

ANATANO OHEYA GA IRAIRASHINAIDE KATAZUKU HON

Originally published in Japan in 2015 by KANKI PUBLISHING INC.
Chinese translation rights arranged through TOHAN CORPORATION, TOKYO.
and KEIO Cultural Enterprise Co., Ltd.

ISBN 978-957-13-7113-9
Printed in Taiwan

	6月	7月	8月	9月	10月	11月	12月

● 我的年度打掃行事曆

迷你大掃除項目	1月	2月	3月	4月	5月
天花板、牆壁除塵					
擦拭照明器具					
通風口（濾網）					
擦窗戶（玻璃窗・紗窗）					
地板打蠟					
刷洗陽台					
洗窗簾					
客廳					
兒童房					
冷氣空調					
衣櫃・儲藏櫃					
廚房・瓦斯爐					
冰箱					
抽油煙機					
餐具櫃・抽屜					
臥室					
曬棉被・洗被單					
床墊翻面					
衣物換季					
盥洗室					
洗衣機（槽洗淨）					
浴室					
浴室（濾網・拉門）					
浴室（天花板・照明）					
排水口除臭					
廁所（包含馬桶噴嘴）					
鞋櫃・檢查救難包					
走廊・玄關					
停車場・居家四周					
車子					
其他項目					

• 可參考第一四九至一五三頁的內容，擬定適合自己的打掃行事曆。